中国热带农业科学院　中国热带作物学会　组织编写

“一带一路”热带国家农业共享品种与技术系列丛书

总主编：刘国道

“一带一路”热带国家
香料饮料作物共享品种与技术

顾文亮　郝朝运◎主编

中国农业科学技术出版社

图书在版编目（CIP）数据

“一带一路”热带国家香料饮料作物共享品种与技术 / 顾文亮，郝朝运主编 . —北京：中国农业科学技术出版社，2020.8
（“一带一路”热带国家农业共享品种与技术系列丛书 / 刘国道主编）
ISBN 978-7-5116-4962-1

Ⅰ . ①一… Ⅱ . ①顾… ②郝… Ⅲ . ①香料作物—栽培技术 ②饮料作物—栽培技术 Ⅳ . ① S573 ② S571

中国版本图书馆 CIP 数据核字（2020）第 161766 号

责任编辑　徐定娜
责任校对　贾海霞

出 版 者　中国农业科学技术出版社
　　　　　北京市中关村南大街 12 号　邮编：100081
电　　话　（010）82105169（编辑室）（010）82109702（发行部）
　　　　　（010）82109709（读者服务部）
传　　真　（010）82109707
网　　址　http://www.castp.cn
发　　行　各地新华书店
印 刷 者　北京科信印刷有限公司
开　　本　787 mm × 1 092 mm　1 /16
印　　张　6.75
字　　数　152 千字
版　　次　2020 年 8 月第 1 版　2020 年 8 月第 1 次印刷
定　　价　68.00 元

《“一带一路”热带国家农业共享品种与技术系列丛书》

总 主 编：刘国道

《“一带一路”热带国家香料饮料作物共享品种与技术》编写人员

主　　编：顾文亮　郝朝运

副 主 编：张　雪　王金辉　游　雯

参编人员：（按姓氏拼音排序）

顾文亮　郝朝运　李付鹏　李开祥

林兴军　秦晓威　王　军　王金辉

杨建峰　游　雯　赵青云　张　雪

目　录

第一章　咖啡品种与技术

第二章　胡椒品种与技术

第三章　香草兰品种与技术

第四章　可可品种与技术

第五章　依兰品种与技术

第六章　沉香品种与技术

第七章　八角品种与技术

第八章　肉桂品种与技术

第九章　苦丁茶冬青品种与技术

第十章 斑兰叶品种与技术

第一章

咖啡品种与技术

一、中国咖啡新品种

1."热研 1 号" 咖啡

品种来源：该品种是中国热带农业科学院香料饮料研究所 1976 年在过去选种的基础上进行丰产母树的选种，最初选出 82 个单株，经当年产量测定和连续 3 年计产及抗性鉴定，筛选出 15 株母树。1976—1981 年在海南省万宁市兴隆进行品种比较试验，选出 8 个高产株系；1983—1993 年在海南省万宁市兴隆试验点、海南省万宁市龙滚 3 个试验点开展区域性生产试验；1988—1993 年在海南省澄迈开展生产性试验，同时进行高产栽培技术研究。

品种特征：多年生常绿小乔木。主干直立、粗壮，4 年生株高约 330 cm，茎粗

热研 1 号

4.72 cm；一级分枝粗且较长，二级分枝多；成熟叶椭圆披针形，长约 18.1 cm，宽约 8.0 cm，叶色深绿，革质，有光泽，羽状脉，嫩叶绿色；伞形花序腋生，单节花约 36 朵，白色，芳香；成熟果实橙红色，扁圆形，果实凹槽明显，果脐瓶颈状突出，浆果，长约 1.7 cm，宽约 1.7 cm，厚约 1.2 cm。

生长特性：喜温凉、湿润、半荫蔽的环境，在花期和幼果发育期需充足的水分；12 月中下旬开花，2 月上旬至 3 月下旬为盛花期，次年 2 月中旬至 3 月下旬果实成熟；花期早，产量高。

适宜栽培条件：适宜在热带、亚热带海拔 800 m 以下的低海拔地区种植，年平均气温 23 ～ 25℃，年降水量 1 000 mm 以上，pH 值 5.0 左右，疏松、肥沃的壤土或沙壤土生长良好。

产量与品质表现：该品种丰产、稳产，平均亩产干豆 140 kg 以上，在没有自然灾害及生产管理正常的情况下，平均亩（1 亩≈ 667 m^2，15 亩 =1 hm^2，全书同）产 200 kg 以上，产量潜力高，约是实生树的 3 倍，经济效益高。粗蛋白 17.97%，粗脂肪 5.9%，总糖 13.07%，还原糖 7.3%，总灰分 4.06%，咖啡因 2.14%。

2.“热研 2 号”咖啡

品种来源：该品种是中国热带农业科学院香料饮料研究所 1976 年在过去选种的基础上进行丰产母树的选种，最初选出 82 个单株，经当年产量测定和连续 3 年计产及抗性鉴定，筛选出 15 株母树。1976—1981 年在海南省万宁市兴隆进行品种比较试验，选出 8 个高产株系；1983—1993 年在海南省万宁市兴隆试验点、海南省万宁市龙滚 3 个试验点开展区域性生产试验；1988—1993 年在海南省澄迈开展生产性试验，同时进行高产栽培技术研究。

品种特征：为多年生常绿小乔木，植株较矮生，4 年生株高约 250 cm，茎粗 4.16 cm；一级分枝相对细软，结果后常下垂，抽生二级分枝少，树型疏透；成熟叶椭圆披针形，叶缘小波浪，叶片稍小，长约 17.6 cm，宽约 7.6 cm，叶绿色，革质，有光泽，羽状脉，嫩叶绿色；伞形花序腋生，单节花约 36 朵，白色，芳香；成熟果实橙红色，较有光泽，椭圆形，果脐明显但不凸出，浆果，长约 1.5 cm，宽约 1.4 cm，厚约 1.2 cm。

生长特性：喜温凉、湿润、半荫蔽的环境，在花期和幼果发育期需充足的水分；12 月中下旬开花，2 月上旬至 4 月中旬为盛花期，次年 2 月中旬至 4 月中旬果实成熟。

适宜栽培条件：适宜在热带、亚热带海拔 800 m 以下的低海拔地区种植，年平均气温 23 ～ 25℃，年降水量 1 000 mm 以上，pH 值 5.0 左右，疏松、肥沃的壤土或沙壤土生长良好。

热研 2 号

产量与品质表现： 该品种花期早，产量高，平均亩产干豆 130 kg 以上，在没有自然灾害及生产管理正常的情况下，平均亩产 200 kg 以上，产量潜力高，约是实生树的 3 倍，经济效益高。蛋白质 19.22%，脂肪 5.92%，总糖 11.68%，还原糖 4.57%，总灰分 4.73%，咖啡因 2.40%。

3.“热研 3 号”咖啡

品种来源： 该品种是中国热带农业科学院香料饮料研究所 1976 年在过去选种的基础上进行丰产母树的选种，最初选出 82 个单株，经当年产量测定和连续 3 年计产及抗性鉴定，筛选出 15 株母树。1976—1981 年在海南省万宁市兴隆进行品种比较试验，选出 8 个高产株系；1983—1993 年在海南省万宁市兴隆试验点、海南省万宁市龙滚 3 个试验点开展区域性生产试验；1988—1993 年在海南省澄迈开展生产性试验，同时进行高产栽培技术研究。

品种特征： 树型自然开张，主干粗壮，树型中等高，3 年生株高 258 cm，茎粗 5.1 cm；一级分枝粗壮，老枝灰白色，节膨大，嫩枝呈绿色压扁状；二级分枝多且粗长，单株结果面积大；成熟叶宽椭圆披针形，叶长 20.3 cm，宽 8.9 cm，叶片基部钝尖，侧脉间叶肉凸起明显，叶色黄绿色，嫩叶古铜色；成熟果实粉红色，浆果，圆形，果长

1.46 cm，宽 1.4 cm，厚 1.14 cm；种子长 1.12 cm，宽 0.81 cm，厚 0.54 cm。

生长特性：种植第 2 年开花结果，第 3 年为盛产期，主花期为 2—3 月，花期较集中，果实成熟期为 12 月至次年 3 月。

适宜栽培条件：适宜在热带、亚热带海拔 800 m 以下的低海拔地区种植，年平均气温 23 ~ 25℃，年降水量 1 000 mm 以上，pH 值 5.0 左右，疏松、肥沃的壤土或沙壤土生长良好。

产量与品质表现：花期较集中，高产、稳产，平均亩产干豆 150 kg 以上，出米率较高。粗蛋白 19.66%，粗脂肪 4.9%，总糖 9.86%，还原糖 5.41%，总灰分 4.46%，咖啡因 2.07%。

热研 3 号

4.“热研 4 号”咖啡

品种来源：该品种是中国热带农业科学院香料饮料研究所 1976 年在过去选种的基础上进行丰产母树的选种，最初选出 82 个单株，经当年产量测定和连续 3 年计产及抗性鉴定，筛选出 15 株母树。1976—1981 年在海南省万宁市兴隆进行品种比较试验，选出 8 个高产株系；1983—1993 年在海南省万宁市兴隆试验点、海南省万宁市龙滚农场、澄迈热作种苗场 4 个试验点开展区域性生产试验；2010—2014 年在海南省万宁市兴隆旅游经济区、海南省澄迈福山福橙咖啡研究所开展生产性试验，同时进行高产栽培技术研究。

品种特征：主干直立、粗壮，3 年生株高 253 cm，茎粗 4.9 cm；一级分枝对生，长约 113 cm，近主干处粗度约 0.9 cm，二级分枝多，枝节生长密集，树形紧凑，一级分枝结果后不易形成枯枝；成熟叶椭圆披针形，叶长 20.5 cm，宽 8.4 cm；叶尖急尖形，叶色绿色，叶缘大波浪，嫩叶铜绿色；聚伞花序腋生，单节花约 50 朵；成熟果实红色，浆果，圆形，果长 1.51 cm，宽 1.49 cm，厚 1.23 cm；种子长 1.12 cm，宽 0.81 cm，厚 0.61 cm。

热研 4 号

生长特性：种植后 2 年开花结果，第 3 年为盛产期，花期较晚，主花期为 3—4 月，果实成熟期为 1—4 月。

适宜栽培条件：适宜在热带、亚热带海拔 800 m 以下的低海拔地区种植，年平均气温 23 ～ 25℃，年降水量 1 000 mm 以上，pH 值 5.0 左右，疏松、肥沃的壤土或沙壤土生长良好。

产量与品质表现：主花期较晚，高产、稳产，出米率较高，平均亩产干豆 170 kg 以上。蛋白质 16.04%，脂肪 7.35%，总糖 11.94%，还原糖 6.24%，总灰分 4.29%，咖啡因 1.94%。

5.“德热 3 号”咖啡

品种来源：该品种由中国热带农业科学院于 1978 年从墨西哥引入，俞灏、王开玺等专家在海南省进行品种比较试验，筛选出抗锈、高产种质 1 份，定名为“卡杜拉 7 号”，20 世纪 80 年代末在云南省潞江农场进行试种。1995 年云南省德宏热带农业科学研究所从潞江农场田间选择1株树型紧凑、抗锈的单株进行采种，1996年定植到咖啡种质资源圃保存，1999年繁育种植，经3代连续观测，性状稳定遗传，编号为DR155，定名为“德热3号”。2004—2013年在云南省德宏进行品比试验；2009—2015年在德宏、保山、普洱和西双版纳等咖啡主产区开展区域性试验；2009—2015年在德宏、保山、普洱和西双版纳等咖啡主产区进行生产性试验。2011—2016年在葡萄牙咖啡锈病研究中心（CIFC）对该品种进行抗锈性测定。

品种特征：株型紧凑，矮生，树冠近圆柱形；分枝紧密，分枝多、一分枝约29对，分枝角度约55°，冠幅约147 cm；成熟叶片长椭圆形，长约14.18 cm，宽约5.97 cm，厚约0.033 cm，叶色绿色，革质，有光泽，羽状脉，嫩叶绿色；伞形花序腋生，单节花2～5朵，白色，芳香；成熟果实红色，圆形或椭圆形，浆果，长约1.59 cm，宽约1.32 cm，厚约1.27 cm；带壳豆粒长约1.17 cm，宽约0.83 cm，厚约0.47 cm；种子长约0.95 cm，宽约0.71 cm，厚约0.43 cm。

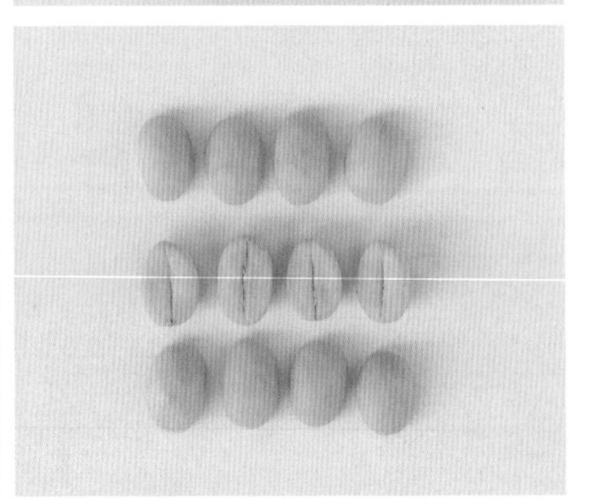

德热3号

生长特性：初花期2月中旬，盛花期3月中旬至5月中旬，末花期7月上旬。果实成熟期10月下旬至次年2月中下旬，生育期180～220 d。定植后第2年少量结果，第3年进入盛产期。

适宜栽培条件：年平均气温 19 ～ 21℃，年≥ 10℃的积温大于 6 800℃，绝对最低温在 1℃以上，最冷月均温≥ 11.5℃的地区。海拔 1500m 以下，年降雨量≥ 1 100 mm，或≥ 700 mm 可以灌溉；土壤以肥沃、疏松的壤土为好，宜在排水良好，pH 值 6 ～ 6.5，坡度＜ 25° 的缓坡地、台地种植，避免种在冷空气易于沉积的凹地。

产量与品质表现：抗咖啡叶锈病，成熟期较一致，平均亩产商品豆 150 kg 以上，咖啡因含量约 1.68%，杯品香气好，酸味好，呈果酸味，口感醇正丰富，苦味一般，品质中上。

6.“德热 132”咖啡

品种来源：该品种由中国热带农业科学院香料饮料研究所 1978 年从墨西哥引入，编号 MEXICO-9，1995 年云南省德宏热带农业科学研究所引入该种质，1996 年定植到咖啡种质资源圃保存，1999 年发现黄果皮变异单株，当年单株收种，经 3 代连续观察，无分离现象，性状能稳定遗传。2004—2009 年在云南省德宏进行品比试验；2009—2013 年在德宏、保山、普洱和西双版纳咖啡主产区开展区域性试验，2009—2014 年在德宏、保山、

德热 132

普洱和西双版纳4个咖啡主产区进行生产性试验。

品种特征：植株中等矮生，株型圆柱形，生势旺盛；分枝紧密，分枝多、果节短，一分枝约31对，分枝角度约53°，冠幅约150 cm；成熟叶片长椭圆形，长约15.03 cm，宽约6.84 cm，厚约0.031 cm，叶色绿色，革质，有光泽，羽状脉，嫩叶绿色；伞形花序腋生，单节花约2～5朵，白色，芳香；成熟果实黄色，圆形或椭圆形，浆果，长约1.56 cm，宽约1.22 cm，高约1.22 cm；带壳豆粒长约1.15 cm，宽约0.84 cm，厚约0.46 cm；种子长约0.89 cm，宽约0.64 cm，厚约0.41 cm。

生长特性：初花期2月中旬，盛花期3月中旬至5月中旬，末花期7月上旬。果实成熟期10月上旬至次年2月中下旬，生育期180～220 d。定植后第2年少量结果，第3年进入盛产期。

适宜栽培条件：年平均气温19～21℃，年≥10℃的积温大于6 800℃，绝对最低温在1℃以上，最冷月均温≥11.5℃的地区。海拔1 500 m以下，年降水量≥1 100 mm，或≥700 mm可以灌溉；土壤以肥沃、疏松的壤土为好，宜在排水良好，pH值6～6.5，坡度＜25°的缓坡地、台地种植，避免种在冷空气易于沉积的凹地。

产量与品质表现：抗咖啡叶锈病，易采摘。平均亩产商品豆150 kg以上，咖啡因含量约1.10%，杯品果酸味，平衡度、浓厚度和后味好，杯品风味足，深度的烘焙会表现更突出。

7."德热296"咖啡

品种来源：该品种是2002年在云南省德宏热带农业科学研究所1999年定植的咖啡卡蒂姆CIFC7963（F6）品种试验示范田发现的紫叶突变单株。采用系统选择法中的一次系统选择法，运用单株选择育种程序。2004年定植60株进行品种比较试验，发现性状一致、稳定；2009—2015年在德宏、保山、普洱和西双版纳等咖啡主产区开展区域性试验；2009—2015年在德宏、保山、普洱和西双版纳等咖啡主产区进行生产性试验。

品种特征：植株中等矮生，株型圆锥形；分枝紧密，一级分枝约17对，分枝角度约54°，冠幅约100 cm；成熟叶片长椭圆形，长约11.16 cm，宽约4.60 cm，厚约0.033 cm，叶色铜绿色，革质，在旱季和强光时易变卷曲，羽状脉，嫩叶褐红色；伞形花序腋生，单节花2～5朵，花瓣淡紫色，雌蕊和雄蕊呈紫色，芳香；成熟果实暗红色，圆形或椭圆形，浆果，长约1.55 cm，宽约1.40 cm，厚约1.31 cm；带壳豆粒长约1.22 cm，宽约0.98 cm，厚约0.57 cm；商品豆粒长约1.00 cm，宽约0.71 cm，厚约0.46 cm。

生长特性：初花期2月中旬，盛花期3月中旬至5月中旬，末花期7月上旬。果实成熟期10月下旬至次年2月中下旬，生育期180～220 d。定植后第2年少量结果，第3年

德热 296

进入盛产期。

适宜栽培条件：年平均气温 19～21℃，年≥10℃的积温大于 6 800℃，绝对最低温在 1℃以上，最冷月均温≥11.5℃的地区。海拔 1 500 m 以下，年降水量≥1 100 mm，或≥700 mm 可以灌溉；土壤以肥沃、疏松的壤土为好，宜在排水良好，pH 值 6～6.5，坡度＜25° 的缓坡地、台地种植，避免种在冷空气易于沉积的凹地。

产量与品质表现：抗咖啡叶锈病，商品豆粒度较大，平均亩产商品豆 150 kg 以上，咖啡因含量约 1.27%，杯品香气中等，尖酸强，涩口，苦味强，品质中等。

二、国外咖啡品种

1."帕卡玛拉"咖啡

品种来源：帕卡玛拉（Pacamara）为杂交咖啡品种，由萨尔瓦多咖啡研究所（Salvadoran Institute for Coffee Research，ISIC）选育。Pacamara的亲本分别为Pacas和Maragogipe。Pacas是波邦（Bourbon）的天然单基因突变种，于1949年在萨尔瓦多圣安娜火山地区被人们发现。和波邦相比，Pacas株型更为紧凑，产量更高。Maragogipe是铁皮卡（Typica）突变种，于1870年在巴西的巴西亚省Maragogipe地区被人们发现，树形开张、高大，产量低，但豆粒硕大，品质优异，又称为象豆咖啡（Elephant Bean）。1958年，萨尔瓦多咖啡研究所开始利用Pacas和Maragogipe进行杂交咖啡品种选育，经过30多年的试验筛选，选育出高产、优质的F_5代杂交品种，命名为Pacamara。该品种现已在中美

帕卡玛拉

洲等地区大面积种植。

品种特征：Pacamara 集合了其亲本 Pacas 和 Maragogipe 的优点。树高中等，节间短，株型紧凑，茎干粗壮，枝叶茂密，茎干下部易萌生二级分枝；叶片大，叶缘波浪形，新生嫩叶绿色或铜褐色；果实大，果脐部有小凸起，咖啡豆长椭圆形，豆粒平均大小：1.03 cm（长）、0.71 cm（宽）、0.37 cm（厚），圆豆率约为 12%；易感咖啡叶锈病、咖啡黑果病和根结线虫。

生长特性：初花期 2 月中旬，盛花期 3 月中旬至 5 月中旬，末花期 7 月上旬。果实成熟期 10 月下旬至次年 2 月中下旬，生育期 180 ～ 220 d。定植后第 2 年少量结果，第 3 年进入盛产期。

适宜栽培条件：适合高海拔种植。适宜种植海拔为 900 ～ 1 500 m，尤其适合海拔 1 000 m 以上地区种植，海拔 1 300 m 以上时咖啡品质最优。

产量与品质表现：品质优，较晚熟，高产，平均亩产商品豆 200 kg 以上，豆粒硕大，抗倒伏。

2.“S288”咖啡

品种来源：该品种是 1925 年印度迈索尔咖啡试验站将大粒种的自然杂交种长威萨瑞（Kawisari）与肯特系（Kent）咖啡杂交育出 S26、S31 等品种，再将 S26 自交，得到 S288，经试种研究于 1938 年在印度推广种植。

S288

品种特征：树高中等，树冠顶芽嫩叶古铜色，按品种分属铁皮卡变种系统。达投产年龄时树型呈“塔型”，株高与冠幅的比值近似 1 ∶ 1，未结果枝分枝角度 65°，结果节间长约 4 cm，叶色浓绿、叶片较窄、呈长椭圆形，长宽比 2.6 ∶ 1，叶先端突尖而长且勾曲，叶基对称。果型较大，果长 1.2 ～ 1.6 cm，果宽 1.1 ～ 1.4 cm，果厚 1.0 ～ 1.3 cm，种子千粒重 250 g，每 1 kg 种子 4 000 粒。4 年生株高 231.7 cm，冠幅 188.2 cm，最长一分枝 77.3 cm，平均节间距 4.8 cm。

生长特性：初花期 2 月中旬，盛花期 3 月中旬至 5 月中旬，末花期 7 月上旬。果实成熟期 10 月下旬至次年 2 月中下旬，生育期 180 ～ 220 d。定植后第 2 年少量结果，第 3 年进入盛产期。

适宜栽培条件：年平均气温 19 ～ 21℃，最冷月均温≥ 11.5 ℃，月均温≤ 13℃的月份在 2 个月以上，极端最低温度一般年份在 0℃以上，个别年份出现 -1℃或短暂 -2℃的地区。海拔 500 ～ 1 000 m，年降水量≥ 1 100 mm；土壤以肥沃的壤土为好，宜在土壤疏松，排水良好，pH 值 6 ～ 6.5，阳坡台地缓坡地种植，避免种于冷空气易于沉积的凹地。

产量与品质表现：抗咖啡叶锈病，抗咖啡绿介壳虫和线虫，平均亩产商品豆 150 kg 以上，产量高，品质优，果型较大。

三、中国咖啡新技术

1. 咖啡种苗育苗技术

咖啡种苗繁育技术主要包括嫁接育苗技术、扦插育苗技术等。

（1）咖啡嫁接育苗技术

主要技术要点如下。

① 砧木准备。选苗龄 12 个月以上、茎粗 0.8 ～ 1.2 cm 的苗为砧木。在砧木离地约 5 cm 较平直处开长方形嫁接口，开口平滑，深达木质部，长、宽比芽片稍大。

② 接穗准备。从高产无性系母树上剪取绿色未木栓化且粗壮、节间短、芽点饱满的直生枝为芽条。将芽条剪成长约 3 cm 的茎段，剪口上端离芽点 1 cm，剪口下端离芽点 1.5 cm，用利刀将剪口削平，并由上而下将削好的茎段纵向剖开，分成 2 个芽片，将剖面削平，芽片下端削成 45° 角的斜面。

③ 嫁接方法。在每年 3—4 月或 9—11 月，将削好的芽片插入砧木嫁接口，使砧木与芽片的形成层对齐，再用白色塑料绑带自下而上覆瓦状绑紧嫁接口。

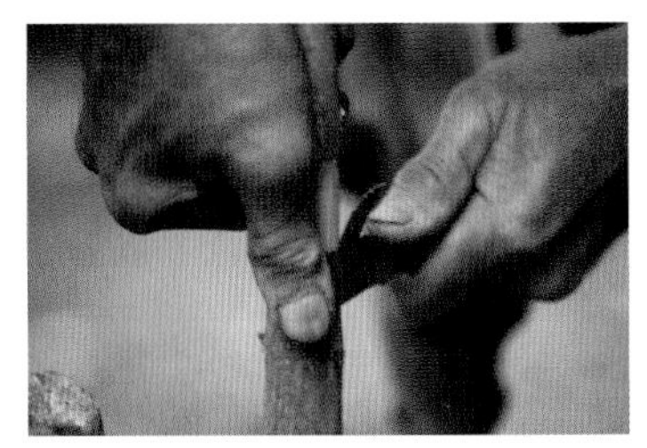
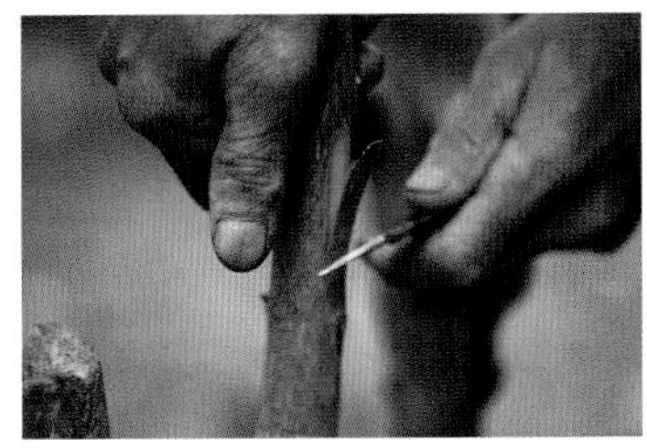

准备砧木

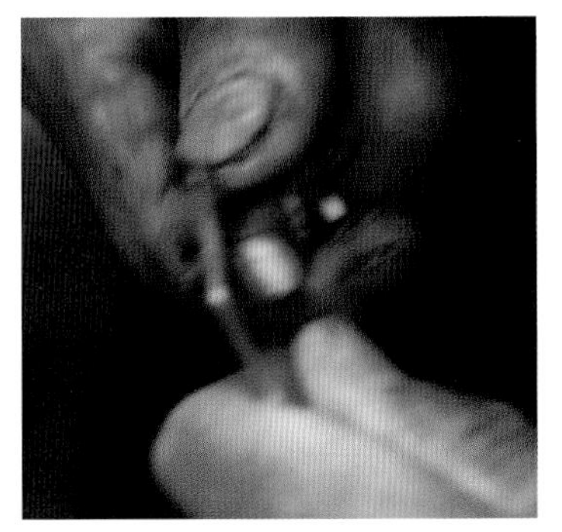

准备接穗

④ 解绑、剪砧。嫁接 30 ～ 40 d 后解绑，解绑后 7 ～ 10 d 剪砧。

插入接穗

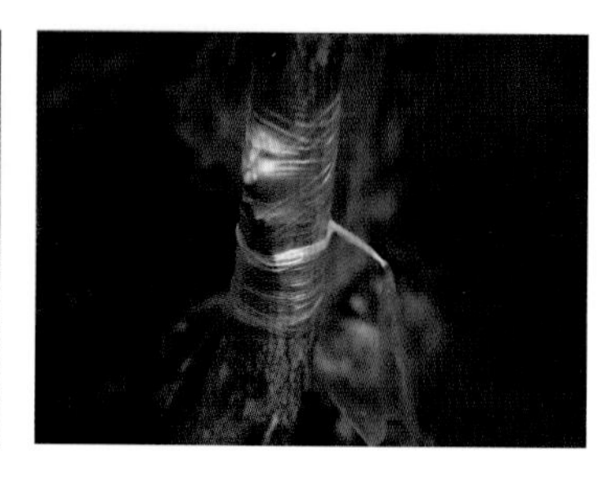

绑扎

（2）咖啡扦插育苗技术

主要技术要点如下。

① 插条准备。从优良品种母树剪取健壮直生枝，茎段纵向剖开，插条长度 4 ～ 10cm，下端削成 45° 角的斜面。

② 扦插。在每年 3—4 月或 10—11 月，用直径约 1.5 cm 小木棍在插床上戳 5 ～ 7 cm 深的洞，直插或斜插，行距 10 ～ 15 cm。压实基质，扦插后淋足水。

③ 起苗。扦插 3 个月后起苗。

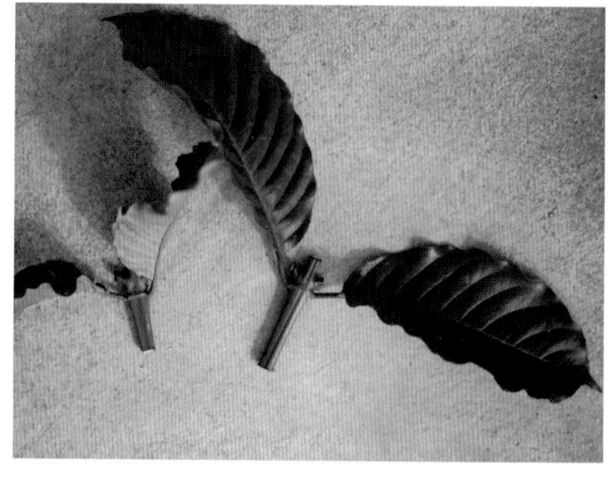

扦插

扦插

2. 咖啡高效栽培技术

咖啡高效栽培技术主要包括低产园改造技术、高效施肥技术等。

（1）咖啡低产园改造技术

主要技术要点如下。

① 芽片准备。以高产无性系品种咖啡母树上健壮直生枝为芽条。将芽条剪成 3 ～ 4

cm 茎段，剪口上端离芽点 1 cm，剪口下端离芽点 2 ～ 3 cm，削平剪口，将茎段纵向剖开分成 2 个芽片，削平剖面，芽片下端削成 45° 斜面。

② 芽接方法。在每年 3—5 月，在低产植株树桩截口以下 5 ～ 10 cm、位置相对平滑处开芽接口 2 个，芽接口长 5 ～ 6 cm，深达木质部。芽片插入芽接口，用绑带绑紧。

③ 解绑。芽接 30 ～ 40 d 后解绑。

（2）咖啡高效施肥技术

主要技术要点如下。

①幼龄树施肥。定植后每月施 1 次稀释 5 倍的沤制水肥，水肥中可加入占其质量 1% 的尿素，每次株施 2 ～ 3 kg。沿树冠外围挖半圆形浅沟淋施，施后盖土。

②结果树施肥。每年 3—5 月株施有机肥 5 ～ 10 kg、钙镁磷肥 100 ～ 150 g 和尿素 150 ～ 200 g，在行间或株间挖长 50 cm、宽 20 cm、深 30 cm 的肥沟施入，施后盖土。6—8 月、9—11 月株施尿素和氯化钾各 80 ～ 120g，在行间或株间挖半圆形、深 10 cm 的浅沟撒施，施后盖土。

3. 咖啡林下复合栽培技术

咖啡林下复合栽培技术主要包括橡胶 / 咖啡、槟榔 / 咖啡和椰子 / 咖啡栽培技术等。

（1）橡胶 / 咖啡复合栽培技术

主要技术要点如下。

① 定植密度。橡胶株行距为 2 m × 12.5 m，咖啡株行距 2 m × 2.5 m。定标时，按橡胶株行距 12 m × 2.5 m 定好挖穴位置，然后在橡胶行间定植 2 行咖啡，橡胶行与咖啡行之间

橡胶间作咖啡

的行距为 5 m。

② 施肥技术。在橡胶、咖啡行间施肥，每年 3 次：第 1 次在雨季来临前，即大致每年 5 月，挖沟施肥，每公顷施腐熟有机肥 7 500 kg，钙镁磷肥 225 kg、尿素 300 kg；第 2 次在 7 月，第 3 次在 9—10 月，每公顷每次分别施入尿素 180 kg，硫酸钾 180 kg。

（2）槟榔 / 咖啡复合栽培技术

主要技术要点如下。

① 定植密度。咖啡和槟榔株行距均为 5 m × 2 m，定标时，按株行距 2.5 m × 2 m 定好挖穴位置，按咖啡 1 行和槟榔 1 行交替栽培。

② 施肥技术。每年施肥 4 次：第 1 次为花前肥，在 2 月开花前施下，在槟榔咖啡行间挖沟施肥，每公顷施腐熟有机肥 7 500 kg，尿素 300 kg，氯化钾 225 kg；第 2 次在 6 月，每公顷施尿素 180 kg，硫酸钾 180 kg；第 3 次在 9 月，每公顷施尿素 270 kg，氯化钾 180 kg；第 4 次在 11 月，每公顷施腐熟有机肥 7 500 kg，氯化钾 360 kg。

（3）椰子 / 咖啡复合栽培技术

主要技术要点如下。

① 定植密度。椰子株行距为 10 m × 7.5 m，咖啡株行距 2 m × 2.5 m，定标时，按咖啡株行距 2.5 m × 2 m 定好挖穴位置，依次按 4 行咖啡、1 行椰子定植。

② 施肥技术。每年施肥 3 次：第 1 次在雨季来临前，即大致每年 5 月，挖沟施肥，每公顷施腐熟有机肥 7 500 kg、钙镁磷肥 225 kg、尿素 300 kg；第 2 次在 7 月，第 3 次在 9—10 月，每公顷每次分别施入尿素 180 kg、硫酸钾 180 kg。

椰子间作咖啡

第二章
胡椒品种与技术

一、中国胡椒新品种

“热引 1 号”胡椒

品种来源：该品种由中国热带农业科学院香料饮料研究所 1951 年从印度尼西亚引进，经 61 年试种，种植选育而成。“热引 1 号”胡椒（*Piper nigrun* L. cv. Reyin No.1）在 2013 年年通过全国热带作物品种审定委员会审定，为我国胡椒主栽品种，覆盖率达 95% 以上。

品种特征：种植至封顶后，植株形成圆柱形树冠，离地面高度 2.5 m 左右，冠幅 1.4 ～ 1.8 m。插条繁殖的植株根系由骨干根、侧根和吸收根组成，垂直分布在 0 ～ 60 cm 土层内，以 10 ～ 40 cm 的土层最多，深的达 1 m 以上。蔓近圆形，略有弯曲，初期呈紫色，后转为绿色，木栓化后呈褐色，表皮粗糙，蔓上有膨大的节，节上有排列成行的气根，蔓节上的叶腋内有处于休眠的腋芽。叶片全缘单叶交互生长，叶形阔卵形至卵状长圆形，叶面较平，两面均无毛，近革质，叶基圆，常稍偏斜，顶端短尖。穗状花序，花序长 6 ～ 12 cm，花杂性，呈螺旋状排列。果实为浆果，球形，无柄，生长初期为绿色，成熟后变红色，果径 4 ～ 7 mm，种子呈球状，黄白色。种子萌发需吸收水分，为缩短种子萌发时间，提高发芽率，一般可浸泡 12 ～ 24 h，催芽时间约 20 d；种子寿命较短，暴晒或贮存 1 个月以上发芽率显著降低。

生长特性：周年开花结果，主花期集中于春季（3—5 月）、夏季（5—7 月）和秋季（9—11 月）。从抽穗开花到果实成熟需 280 d。中感胡椒瘟病，易感细菌性叶斑病，抗寒性较强。经济寿命可达 20 ～ 30 年。

适宜栽培条件：喜高温、多雨、静风、土壤肥沃和排水良好的生长条件，具有攀缘生长的习性。最适宜种植在年均温 23 ～ 27 ℃无霜冻的地区，在年降水量 800 ～ 2 400 mm 的地区一般都能正常生长和开花结果。植株封顶投产后要求全光照。适宜土壤为土层深厚肥沃、结构良好、便于排水、pH 值 5.5 ～ 7.0 的沙壤土。雨季雨量过于集中或胡椒园排水不良，易引起胡椒瘟病的发生和流行。

产量与品质表现：种子含有胡椒碱、挥发油、粗脂肪、粗蛋白等成分，可用作调味品；在医药工业上可用作健胃剂、解热剂及支气管黏膜刺激剂等，深加工产品胡椒油、胡椒油树脂和胡椒碱等是制药行业多种药物的必需原料和中间体；在食品工业上可用作抗氧化剂、防腐剂和保鲜剂。该品种各种营养成分含量高，品质优，是食用或食品工业和药用的优质原料；丰产、稳产，平均亩产干白胡椒 110 ～ 220 kg，生产中曾出现亩产白胡椒

612 kg 的高产例子，产量潜力高，是海南乃至我国胡椒植区普遍栽培的品种。我国胡椒种植面积近 40 万亩，该品种覆盖率达 95% 以上，已成为生产中的当家品种。

幼龄胡椒植株

结果胡椒植株

二、中国胡椒新技术

1. 胡椒种苗繁育技术

主要技术要点如下。

一般采用插条繁育种苗，必须在生长正常而无病的1—3年生优良母树上，选择健康的攀缘于支柱上的主蔓，切取插条材料。这样的插条，生长粗壮、吸根发达、种植成活率高、植株生长和形成树型快、结果早、产量高、寿命长。母树基部和树冠内部长出的蔓以及植株封顶以后从顶端长出的蔓纤弱、徒长，吸根不发达，从这些蔓切取插条，种植成活率低，分枝部分高，形成树型慢、结果迟，一般不宜采用。

优良的插条苗的标准：长度30～40 cm，有5～7个节；蔓龄4～6个月，粗度达0.6 cm以上；节上气根发达，且都是“活根”；插条顶端2个节各带1个分枝和10～15片叶，腋芽发育饱满；没有病虫害和机械损伤。

2. 胡椒高效栽培技术

主要技术要点如下。

① 生产上以无性繁殖为主，采用从母树上切割培育的插条苗定植，时间一般在春季和秋季。

② 平地或缓坡地，支柱长度2.2 m（地上部分，下同）以上时，株行距采用2 m×（2～2.5）m；土壤肥沃，坡度大些，株行距可采用2 m×（2.5～3）m；矮柱（柱高1.5 m）种植，株行距可采用1.8 m×2 m。

③ 定植方向应与梯田走向一致，胡椒头不宜向西，避免晒伤。定植前在离穴壁15 cm处种上支柱，在距支柱约10 cm处挖一个深30～40 cm的“V”形小穴，使靠支柱的坡面形成45～60°的斜面，并压实。单苗定植时，种苗放置于斜面正中，对准支柱；双苗定植时，2条种苗对着柱呈“八”字形放置。定植时每条种苗上端2节露出土面，根系紧贴斜面，分布均匀，自然伸展，随即盖土压紧，在种苗两侧放腐熟的有机肥5 kg，然后再回土做成中间呈锅底形的土堆，上面盖草，淋足定根水，并在植株周围插上荫蔽物，荫蔽度80%～90%为宜。

④ 定植后应经常淋水，如遇晴天，宜连续3 d淋水，以后每隔1～3 d淋水1次，幼

苗成活后，淋水次数以保持土壤湿润为宜。

⑤ 幼龄胡椒（未封顶胡椒，一般指种植 3 年以下的胡椒）贯彻勤施、薄施、生长旺季多施液肥的原则，水肥施用量为一龄胡椒每株每次施 2 ～ 3 kg，二龄胡椒每株每次施 4 ～ 5 kg，三龄胡椒每株每次施 6 ～ 8 kg。结果胡椒（封顶胡椒，一般指种植 3 年以上的胡椒）一般每个结果周期施肥 4 ～ 5 次，每株每次施肥量为牛粪或堆肥 30 ～ 40 kg，过磷酸钙 1.5 kg，饼肥 1.0 kg，水肥 40 ～ 50 kg，尿素 0.2 ～ 0.3 kg，氯化钾 0.4 kg，复合肥 1 kg。通常 1 ～ 2 个月锄草 1 次。

⑥ 根据病虫草害发生规律，以农业防治为基础，勤检查，早发现早处理，应遵循"预防为主、综合防治"的植保方针。

3. 胡椒林下栽培技术

主要技术要点如下。

① 橡胶间作胡椒。胡椒应与橡胶同时定植。橡胶采用宽行密植（行距 10 ～ 15 m），橡胶行间种胡椒 3 ～ 5 行，栽培管理方法与矮柱栽培或无支柱栽培相同。

② 槟榔间作胡椒。以槟榔做活支柱：先种槟榔，株行距 2.2 m × 3 m，待槟榔茎干高 1 m 时，在距槟榔 40 cm 处种胡椒。与槟榔间作：槟榔行距 4 m，种槟榔同时在行间种 1 行胡椒。

③ 椰子间作胡椒。以椰子做活支柱：椰子茎干高 1 m 时，在离椰子树 80 cm 处挖穴种胡椒，以椰子作为支柱。与椰子间作：先种椰子，株行距 6 m × 12 m，行间种胡椒 4 ～ 5 行。

第三章

香草兰品种与技术

一、中国香草兰新品种

“热引 3 号”香草兰

品种来源：该品种由中国热带农业科学院于 1962 年从斯里兰卡引进，种植在海南省儋州热作两院植物园，1983 年引到香料饮料研究所进行引种试种的研究，人工阴棚栽植 2.5 年后开花结荚，试验获得成功，并初步掌握了其生长发育特性以及与环境条件的关系和田间栽培技术措施；1987 年 6 月“香草兰在海南省兴隆地区引种试种研究”通过成果鉴定。该品种是我国唯一推广种植的香草兰品种，遗传性状稳定、产量相对较高，推广面积 1 000 余亩。

品种特征：茎呈浓绿色，圆柱形，肉质有黏液，茎粗 0.4 ～ 1.8 cm，节长 5 ～ 15 cm；叶互生，肉质，披针形或长椭圆形，长 9 ～ 23 cm，宽 2 ～ 8 cm；花腋生，总状花序一般有 20 ～ 30 朵花，浅黄绿色，唇瓣喇叭形，花盘中央有丛生茸毛；果荚长 15 ～ 25 cm，宽 1 ～ 1.5 cm。

生长特性：采用人工荫棚栽培，植后 2 年可开花结荚。在海南，3 月上旬至 5 月上旬为开花期，果荚成熟期为 11 月中旬至次年 1 月。

适宜栽培条件：生长发育期喜湿润、温暖、雨量充沛，并有一定荫蔽度（50% ～ 70%）的气候环境，适宜正常发育的年平均气温 24 ℃左右，在土壤 pH 值 6.0 ～ 7.0 时生长良好。在月均温低于 20 ℃生长缓慢，温度低于 15 ℃，植株生长几乎停止，绝对低温 6 ～ 8℃，持续 1 周左右，则嫩蔓有轻微寒害。该品种在干旱条件下生存能力不强，相对湿度在 80% 以上适宜生长。我国海南省和云南省热区具有适宜其生长发育的农业气候条件，其中海南省东南部的万宁、琼海、定安、屯昌、陵水和保亭温度高，越冬条件好，属湿润区，是最适宜香草兰生长发育的地区，而海口、临高、澄迈、文昌、儋州和昌江偶有轻霜，但影响不大，属半湿润区，水热条件良好，为适宜种植区；云南省西双版纳市的景洪、勐腊、河口等冬季低温期稍长，旱季较长，但也适宜种植。

产量与品质表现：平均每公顷产干荚 200 kg 以上，发酵生香后的香草兰豆荚中香兰素含量为 3.0%，品质达到国际出口要求（2.0% 以上）。

二、中国香草兰新技术

1. 香草兰种苗繁育技术

主要技术要点如下。

① 种苗繁育圃选择。建设要求靠近水源、排水良好、土壤疏松，如土壤偏酸，可用熟石灰调节土壤 pH 值至 6.5 ～ 7.0。土地平整后，整理成宽 0.8 ～ 1.0 m、高 15 ～ 20 cm 的苗床。在苗床上撒一层腐熟的有机肥后覆盖 5 cm 厚的椰糠或其他疏松透气的植物粉碎物。

② 种苗繁育定植。用手指划开椰糠等覆盖物成一条浅沟，将切口消毒处理后的 2 ～ 4 个茎节插条蔓（长 40 ～ 50 cm）平置于浅沟内，茎节处盖上覆盖物，插条两端及叶片露出。淋足定根水，以后视土壤湿润程度适时淋水，每隔 3 ～ 4 d 检查一次病害。发现病叶、病蔓及时清除并喷杀菌剂保护。新抽茎蔓长 20 ～ 30 cm 以上便可出圃定植。

香草兰种苗繁殖圃

露出插条两端及叶片

2. 香草兰高效栽培技术

主要技术要点如下。

① 园地选择。选择年均气温不低于 23℃、最冷月平均气温不低于 17℃，靠近水源、

排水良好、地下水位距地表 1 m 以上，有良好的防风屏障，坡度 10° 以下缓坡地或平地；土层深厚、质地疏松、物理性状良好、有机质含量丰富、比较肥沃的微酸性或中性土壤（沙壤土、沙砾土、黑色石灰土或砖红壤或沉积土）建立香草兰种植园。

② 园地开垦。香草兰种植园的开垦应注意水土保持，根据不同坡度和土壤类型，选择适宜的时期、方法和施工技术进行开垦。平地和坡度 10° 以下的缓坡地等高开垦；坡度在 15° 以上的园地不宜种植香草兰。园地开垦深度在 50 cm 以上，在此深度内有明显障碍层（硬塥层、网纹层或犁底层）的土壤要深翻破除并清理干净。

③ 种植园规划。在较空旷地建立香草兰种植园必须设置防护林，每 30 亩设主防风林带，每 7 ~ 8 亩间设副防风林带，可设计成“田”字形，既可减少风害损失，又可使种植园内形成一个静风多湿的优良小环境。

香草兰的生长既需充足的水分供应，又要求遇暴雨时能迅速将多余的积水排出。建园时宜建立种植园节水灌溉系统，同时必须科学规划设置排水系统。种植园内除设主排水系统外，还应以 3 亩为一小区，区间设置排水沟，并与主排水沟相通。保证雨季排水畅通，以免积水，烂根致病。

香草兰园内灌溉系统（水肥一体化）

香草兰园内排水沟

此外，根据香草兰种植园规模、地形和地貌等条件，设置合理的道路系统，包括主道、支道、步行道和地头道。大中型种植园以加工厂总部为中心，与各区、片、块有道路相通，规模较小的种植园设支道、步行道和地头道即可。种植园与四周荒山陡坡、林地及农田交界处应设置隔离沟。

④ 荫棚系统设置。该设施主要由主体棚架系统、电动遮阴系统、喷水系统和控制系统组成。

主体棚架系统由棚架支架和攀缘柱等组成。攀缘柱的材料可用石柱、水泥柱或木柱等，但最好用石柱或水泥柱，经久耐用。攀缘柱之间设双列横架，使香草兰植株充分利用空间攀缘，材料以镀锌铁线为主，不易生锈、变形或断裂。棚架可因园地不同而设计不同。根据多年的研究证明，在海南省香草兰植区棚架高度 2.0 m 较为适宜。为便于授粉操作及田间管理，攀缘柱不宜过高，一般以露地 1.2 ～ 1.4 m 为宜。攀缘柱间距及行距为 1.2 m × 1.8 m，3.6 m × 3.6 m 处为棚架支柱（高柱），即隔 2 个攀缘柱及 1 行攀缘柱设一棚架支柱，棚架支柱的规格为（12 ～ 15）cm ×（10 ～ 12）cm ×（260 ～ 280）cm（宽 × 窄 × 高），入土深度为 60 ～ 80 cm；攀缘柱规格为（10 ～ 12）cm ×（8 ～ 10）cm ×（160 ～ 180）cm，入土深 40 cm。

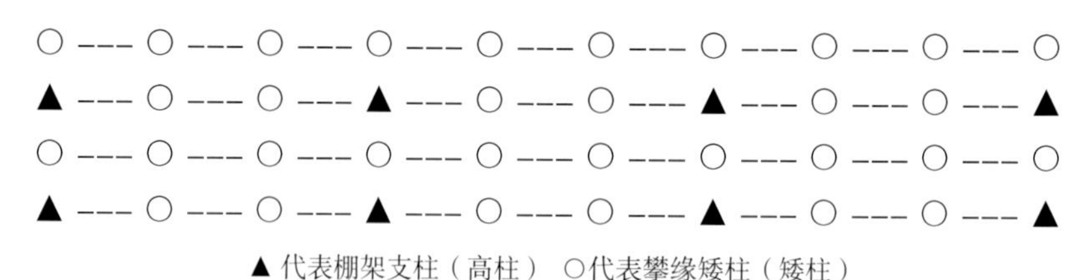

▲ 代表棚架支柱（高柱） ○代表攀缘矮柱（矮柱）

香草兰棚架支柱分布平面

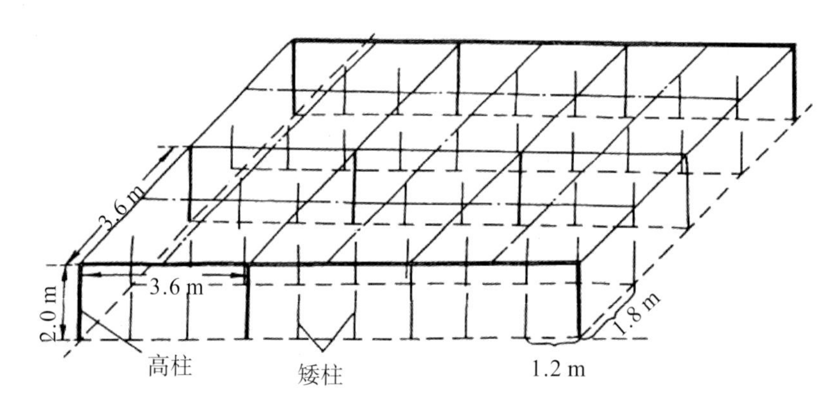

香草兰棚架结构系统示意

电动遮阳系统由带有行程控制的专用电动机、钢管传动轴、托幕线、拉幕线、导向轮、特质铝合金型材拉幕杆等组成，实现可手动开关，又可由自动控制系统通过行程开关实施电动控制。遮阳网遮光率为 50% ~ 70%，走向与香草兰行向垂直，并固定于棚架顶部。垂直行的网上部再架设钢筋或铁线，增强抗风性能。

喷水系统包括阀门、过滤器、PE 管、钢丝绳、毛管、倒挂喷头等。荫棚外部要求有一定压力和流量的水源进入荫棚，水压达到系统设计压力，水质达到自来水洁净程度。采用国产倒挂喷头，其标准工作压力为 0.1MPa，最高承受压力为 0.3MPa，可由自动控制系统控制或手动控制。

控制系统用于控制外遮阳系统和顶喷淋微喷灌的启闭，用于网室内温度、湿度、光照和灌溉的控制。

⑤ 定植前准备。荫棚系统建好后，即可起畦。整地起畦前先将植地全垦翻晒、风化、耙碎、除净杂草杂物并用白石灰粉进行土壤消毒处理。畦面龟背形，走向与攀缘柱的行向一致，畦面宽 80 cm，高 15 ~ 20 cm，攀缘柱在畦的中央。然后，在整理好的畦面上撒施腐熟有机肥 500 kg/ 亩，并与土层混合均匀。最后，在每 2 条攀缘柱间投放腐熟椰糠（或用杂草、枯枝落叶等替代）3 ~ 5 kg，并摊匀，创造一个土层疏松、通透能力强、有机质含量高的良好生长环境条件。

畦面

⑥种苗定植。在温度较高（日均温 20 ~ 25℃）的季节定植香草兰有利于生根发芽，在海南省一般 4—5 月或 9—10 月定植较为适宜。母蔓种苗切口用药剂（1% 波尔多液等）消毒处理，以免病菌感染，将处理后的种苗置于阴凉处饿苗 1 ~ 2 d。定植时，用手指或棍子在攀缘柱两侧各划一条深 2 ~ 3 cm 的浅沟，将苗平放于浅沟内，在茎节处盖上 1 ~ 2 cm 厚覆盖物。苗顶端指向攀缘柱，整理叶片和切口，使其露出覆盖物，防止覆盖物掩盖造成幼苗损伤而感染病菌发生烂苗。茎蔓顶端用细绳轻轻固定于攀缘柱上，以便凭

借气生根攀缘生长；定植插条苗时要用覆盖物将新根盖住，以便植后能快速恢复生长。植后淋足定根水，据天气情况适时淋水，一般隔 2 ～ 3 d 淋水 1 次。

种苗平放于畦面，盖覆盖物

用细绳固定茎蔓

规范种植的香草兰园

⑦ 田间管理。香草兰合理的施肥量为年施氮 40 ～ 60 g/ 株、五氧化二磷 20 ～ 30 g/ 株、氧化钾 60 ～ 100 g/ 株。定植前将腐熟的有机肥均匀地薄撒于整理好的畦面（7 500 kg/hm^2，厚 4 ～ 5 cm），并与 10 cm 厚的土层混匀。然后在每 2 条攀缘柱间投放腐熟的椰糠 3 kg（或用杂草、枯枝落叶等替代），并摊匀。

1 ～ 3 龄园，每年施用一次腐熟的有机肥（牛粪：表土：钙镁磷肥 =25：70：5）或其他经无害化处理后的腐熟农家肥，薄撒畦面，每次 5 000 ～ 7 000 kg/hm^2。开花结荚的香草兰种植园即为成龄园（3 龄以上），施用腐熟的有机肥 2 次 / 年（牛粪：表土：钙镁磷肥 =25：70：5）或其他经无害化处理后的腐熟农家肥，薄撒畦面，每次 5 000 ～ 7 000 kg/hm^2。

氮、磷、钾、钙、镁元素肥料根据叶片营养诊断结果进行针对性的施用；微量元素根据土壤微量元素测定结果进行针对性的施用。定植第 1 年即为 1 龄香草兰，每月喷施或淋施 0.7% 复合肥水溶液和 0.7% 尿素水溶液 1 次。定植第 2 ～ 3 年的 2 ～ 3 龄香草兰，每月喷施或淋施 0.7% 复合肥水溶液和 0.7% 尿素水溶液 2 次。营养生长期即每年 1—3 月和 7—9 月，根据香草兰苗蔓生长情况喷施或淋施 0.7% 复合肥水溶液和 0.7% 尿素水溶液，每月 1 次。果荚生长期即每年 4—6 月，喷施 0.7% 复合肥水溶液和 0.5% 氯化钾或硫酸钾水溶液，每月 1 ～ 2 次。花芽分化前期即每年 10—12 月，喷施 0.7% 复合肥水溶液、0.7% 磷酸二氢钾水溶液和 1.0% 过磷酸钙浸出液 2 次 / 月。

⑧ 引蔓与修剪。香草兰种植后新抽生的茎蔓应及时用软质材料制成的细绳轻轻固定于攀缘柱上，使其向上攀缘生长。香草兰茎蔓的走向与开花数量密切相关，逆向延伸茎蔓上的花序数占总花序数的 75% ～ 91%。若茎蔓沿支柱一直向上生长，则很少开花；若任其沿柱间铁线攀缘延伸，则不利于充分利用空间。因此，当茎蔓长到 1.0 ～ 1.5 m 时，将其拉成圈吊在横架上或缠绕于铁线上，让其缠绕横架或铁线环状生长，使茎蔓在横架或铁线上均匀分布且尽量不重叠，既可充分利用空间，又能促进碳水化合物及开花所需养分在复弯处的积累，从而利于诱导开花，也便于授粉操作和日常管理，是香草兰早产、高产、稳产的重要措施。

茎蔓环绕铁线呈环状生长

在 5 月上旬需剪除成龄香草兰植株的侧蔓，一般 2 条攀缘柱之间保留 2 ～ 3 条相对健壮侧蔓，其余剪除，并在 5 月中旬对保留的侧蔓进行摘顶；每年 11 月底或 12 月初对成龄香草兰园进行全面修剪，剪除部分上年已开花结荚的老蔓及弱病蔓，同时摘去茎蔓顶端

4～5个茎蔓节，长度为40～50 cm，并将打顶后30～45 d内的萌芽及时全面抹除，以控制植株营养生长，减少养分消耗，诱导花芽分化，促进花芽萌发并有利开花结荚。

⑨ 除草、起畦、覆盖。香草兰为浅根系植物，根系主要分布在10 cm以内的土层。一般不主张在香草兰种植园内除草，偶尔有一些杂草和灌木有利于香草兰的生长，因为矮生草本植物形成的植被，构成与香草兰的根系生长关系最密切的小环境。生产上应保留其中的苔藓类植物、小叶冷水花和卷柏科植物等植被。这样不仅可避免阳光直晒畦面，增加土表湿度，保持土壤湿润，还可避免土壤冲刷和养分流失，防止畦面坍塌。特别在旱季，有植被的种植园内小环境十分有利于香草兰根系的生长，从而促进香草兰植株的生长。但需有选择地清除生长繁殖快，根系密集，对香草兰根系营养、水分和生长形成竞争的杂草及易感病的杂草。在清除香草兰园内杂草时只能用手拔除，禁用锄头、铁锹等除草工具，以免伤害香草兰根系。一般每月除草1～2次。垄间可铺设防草布以防止杂草生长，减少劳动力成本。大雨过后或多次淋水之后，畦面边缘由于水的冲刷而塌陷，应及时修整，保持畦面的完整。畦面周围也可用椰壳，以防畦面冲刷塌陷。

香草兰对旱、寒等不利条件的抵抗力均较弱，采用椰糠、枯草或经过初步分解的枯枝落叶等进行终年根际全覆盖，可有效改善根系的生长环境，调节土壤温度和保湿，使土壤疏松透气，增加有机质，有利于根系发展，促进香草兰的生长，同时，可减轻繁重的拔除杂草工作，是丰产栽培的关键措施之一。一般在2～3年非生产期内每半年增添一次覆盖物，使畦面终年保持3～4 cm厚的覆盖，而成龄香草兰园则在每年花芽分化期后和末花

畦面苔藓

垄间防草布

畦面覆盖椰糠

期各进行一次全园覆盖。定期（3 ～ 4 次 / 年）清理园地四周杂草杂物，同时结合病害检查，及时清除烂根、干叶等杂物，保持园内外清洁。

⑩ 人工授粉。香草兰花的构造特殊，无法借助一般的昆虫作为传粉媒介，自然授粉率＜1%，必须进行人工授粉才能结荚。香草兰的花在清晨 5:00 左右开始开放，中午 11:00 开始闭合，所以授粉工作应在当天 6:00—12:00 完成（最佳授粉时间为当天上午 6:30—10:30），否则柱头丧失活力，授粉成功率将降低。香草兰花的雄蕊和柱头间隔着一片由一枚雌蕊变形增大、形似帽状的唇瓣，称为“蕊喙”，授粉时需借助 2 根削尖的竹签、棕榈树的叶脉、硬的草茎或牙签（顶端整理呈毛状，以免刺伤柱头）。授粉方法：左手中指和无名指夹住花的中下部，右手持授粉用具轻轻挑起唇瓣（蕊喙），再用左手拇指和食指夹住的另一条授粉用具或直接用左手拇指将花粉囊压向柱头，轻轻挤压一下即可（此时可见花粉粘于柱头上）。若遇雨天，应待停雨后再进行授粉工作，一般每个熟练工人可授粉 1 000 ～ 1 500 朵 / 天。

⑪ 保果控制落荚。香草兰在授粉后 40 ～ 50 d 有严重的生理落荚，落荚率 40% ～ 60%，严重影响香草兰的稳产高产。香草兰的生理落荚主要是生长发育的幼荚间以及幼荚与抽生侧蔓间水分和养分竞争所致，单株抽生花穗数越多，其落荚率也越高，其次与园内环境条件也有一定关系，荫蔽度小、结荚多的植株落荚率高。

根据香草兰植株的长势和株龄，早期摘除过多的花序及已有足数果荚的花序上方的顶中花蕾，适时疏荚，合理留荚，减少养分消耗是降低落荚率、增加产量的有效措施之一。一般单株单条结荚蔓保留 8 ～ 12 个花序，每花序留 8 ～ 10 条果荚，长势较弱的植株宜更少。同时，在 5 月上旬修剪果穗上方抽生的侧蔓，5 月中旬全面摘顶，可有效控制营养生长，保证幼荚生长发育所需的养分和水分，使幼荚正常生长，从而降低落荚率。

除此之外，加强各项田间管理并结合根外追肥，在幼荚发育期（末花期）定期喷施含

① 夹住花的中下部

② 挑起唇瓣

③ 将花粉囊压向柱头

④ 轻轻挤压

授粉步骤

硼、锌、锰等微量元素的植物生长调节剂或香草兰果荚防落剂，可将香草兰落荚率降低在15%以内；在香草兰末花期，每隔10 d全面喷施1次30～50 mg/L的2,4-D（2,4-二氯苯氧基乙酸）溶液，或300～500 mg/L的B-9（2,2-二甲基琥珀酰肼）溶液，连续喷3～4次，也可获得良好且稳定的保果效果，且2,4-D和B-9对鲜荚质量和豆荚品质等均无不良影响。同时，喷施500 mg/L的B-9溶液还能促进翌年香草兰植株花芽分化。

3. 香草兰林下栽培技术

主要技术要点如下。

① 林木选择。常用的荫蔽树种有槟榔、木麻黄、麻风树、甜荚树、番石榴、银合欢、杧果、菠萝蜜、刺桐、龙血树、毒鼠豆树、甜橙等，也有在次生林下种植。

② 植前准备与定植。选择的经济林或次生林地应靠近水源、排水良好、土壤质地疏

松、物理性状良好、有机质含量在 1.5% 以上，林地为平地或缓坡地。林下种植可分为行上种植和行间种植。如选择不分枝树种如槟榔、椰子等，行上种植时应在行上起畦，林木在畦面中间；起畦前垦地、耙碎、除去杂草杂物；畦面呈龟背形，走向与林木行向一致，畦面宽 80 cm，高 10 ～ 15 cm；在行上树木之间引拉攀缘铁线，铁线距离畦面或在林木离地 1.2 ～ 1.4 m 处设置攀缘架。如选择有分枝树种如龙眼、银合欢、莲雾、菠萝蜜等，行上种植可不起畦，直接将香草兰盘绕于树干分支上；在林木行间种植香草兰，应在林木行间栽种攀缘柱，攀缘柱可为石柱、水泥柱或木柱等，在生产上应用较多的为石柱，石柱规格及定植与设施荫棚栽培相同。

③ 荫蔽树修剪。根据香草兰不同生长期及不同季节对荫蔽度的要求，对荫蔽树进行适当的约修剪，修剪的叶片和枝条可作覆盖材料。一般将荫蔽树修剪成伞形，并控制荫蔽树高度在 1.5 ～ 2.0 m，以便更好地起荫蔽作用和保护茎蔓，还可能防止病虫害的接触传播。香草兰生长前期（营养生长期）荫蔽度控制在 60% ～ 70%，生长后期（开花结荚期）荫蔽度控制在 50% ～ 55%；夏季气候炎热，光照强，荫蔽度控制在 60% ～ 65%，冬季气温偏低，湿度较大，荫蔽度要求较小，一般控制在 35% ～ 40%。结合荫蔽度的控制，同时剪除荫蔽树 1 m 以下低矮的分枝及多余的上层分枝，培养荫蔽树在 1.2 ～ 1.5 m 处的分枝 2 ～ 3 条作为香草兰的攀缘枝。

④ 田间管理。施肥量和施肥时期根据荫蔽树和香草兰养分需求规律而定。一般香草兰每年施有机肥 2 ～ 3 次，有机肥薄撒于畦面上，施肥量以 7 500 ～ 9 000 kg/hm^2/ 次为宜。在香草兰生长的不同时期均需追肥，追肥以化肥或液态有机肥为主，将化学肥料或液态有机肥溶解于水中，按照 0.1% ～ 0.5% 的浓度喷施，每月喷施 1 ～ 2 次。其他田间管理技术参照“香草兰高效栽培技术”。

第四章

可可品种与技术

一、中国可可新品种

“热引 4 号”可可

品种来源：中国热带农业科学院香料饮料研究所 1960 年从印度尼西亚引进 Criollo、Forastero 和 Trinitario 的 3 个可可品种，1981—1983 年对其主要性状进行鉴定分析，该品种因此种植选育而成。该品种于 1984—1988 年先后在海南省兴隆和南林进行区域试验，结果表明，初产期可可豆平均产量为 597.1 kg/hm^2。1999 年至今年在海南省陵水县文罗镇、文昌市中国热带农业科学院椰子研究所、兴隆香料饮料研究所和南桥镇桥北村进行生产性试验。

品种特征：多年生常绿乔木植株主干灰褐色；叶尖为长尖形，叶片长宽比为 37.3∶13.6；花为粉红色；果实长椭圆形，外果皮有 5 条较明显纵沟，未成熟果实为红色，成熟果实为橙黄色；种子饱满，椭圆形，子叶呈紫色，种子单粒重平均为 0.92 g。

生长特性：喜湿润的热带气候，耐阴，适宜在荫蔽度为 30%～40%，肥沃的缓坡地栽培；花期主要在 4—6 月和 8—11 月，盛果期在 9—12 月和次年 2—4 月；幼苗 3～5 分枝。

适宜栽培条件：定植一般为 4—10 月，以雨水较为集中的 7—9 月为宜。除去营养袋并使苗身正直，根系舒展，覆土深度不宜超过在苗圃时的深度，分层填土，将土略微压实，避免有空隙，定植过程中应保持土团不松散。植后以苗为中心修筑树盘并盖草，淋足定根水，以后酌情淋水，直至成活。植后应遮阴并立柱护苗，植后约半年苗木正常生长后可除去立柱。主干长到一定高度会长出 3～5 条一级分枝，整型时，一般留下 3 条间距适宜的健壮枝作为主枝，使其形成发展平衡的树型。每 2～3 个月剪除直生枝、枯枝、低矮枝及主枝上离主干 30 cm 以内和过密的、较弱的、已受病虫为害的分枝，并经常除去徒长枝，使树冠通风、透光。

产量与品质表现：植后第 3 年开花结果，初产期可可豆平均产量为 596.3 kg/hm^2，盛产期可可豆平均产量为 1 578.2 kg/hm^2，可可豆平均产量为 1 087.3 kg/hm^2，与引种国印度尼西亚相比增产 35.72%，表现出广泛的适应性和较高的产量潜力，抗寒性较强，但抗风性较弱。

二、国外可可品种

1. 克利奥洛类

克利奥洛类（Criollo）即薄皮种，其中有南美克利奥洛种和中美克利奥洛种。克利奥洛可可果实偏长，表面粗糙，沟脊明显，尖端凸出，果壳柔软，果实成熟时呈红色或黄色；种子饱满，子叶呈白色或淡紫色，易于发酵，富含独特的芳香成分。然而，该类可可易感病，产量低，主要分布于墨西哥、委内瑞拉、尼加拉瓜、哥伦比亚、厄瓜多尔、秘鲁，种植面积仅占世界可可总种植面积的 5% ～ 10%。

克利奥洛类（Criollo）

2. 福拉斯特洛类

福拉斯特洛类（Forastero）即厚皮种，该类可可的果实短圆，表面光滑，果实成熟时呈黄色或橙色；种子扁平，子叶呈紫色，发酵困难，品质次于克利奥洛。该类可可植株强壮，抗性强，产量高，广泛分布于拉丁美洲、非洲，种植面积占世界可可总种植面积的 80%。该类可可主要品种有 Amelonado、Angoleta、Calabacillo、Lundeamar 等。

福拉斯特洛类（Forastero）

3. 特立尼达类

特立尼达类（Trinitario）即杂交种，由克利奥洛和福拉斯特洛杂交而来，果实和种子表型介于二者之间。特立尼达类可可产量较高，略低于福拉斯特洛类；可可豆品质近似于克利奥洛类可可，富含独特的芳香成分。目前，分布于世界各可可种植区，种植面积占世

特立尼达类（Trinitario）

界可可总种植面积的10%～15%。

4. Amelonado

Amelonado源于巴西，在西非广为种植，它的主干分枝点较低，枝条长而下垂，几乎接触地面，叶片呈长椭圆形，叶端尖削，叶柄短。花束茂密而粗壮，果实表面光滑，沟脊浅，平均果长15.26 cm，果径8.5 cm，接近圆形，基部收缩，成熟果实有黄色和红色2种（黄色较高产；红果类较低产，已为生产所舍弃）。种子横切面扁平，新鲜子叶呈紫色，果实大小中等。Amelonado品种产量高，单株平均年结果量达146个，单果平均含种子42.08粒（干粒重0.9～1.0 g），种皮率12.3%～13.2%，可可脂含量51.6%～56.0%，自交亲和，生势不很强壮，但不易受病虫为害。据报道，世界商品可可豆中有85%以上是这个品种。

5. Criollo

Criollo原产于南美洲委内瑞拉，目前委内瑞拉、墨西哥、中美洲及哥伦比亚的原生种或历史悠久的可可园中多属这个品种。果实成熟时为红色或黄色，果壳通常有10条纵沟，其中5条较深，5条较浅，相间排列。果实表面有瘿瘤，果皮容易破开，平均果长14.27 cm，果径7.45 cm，果实中平均有种子29.63粒。

Criollo品种自交亲和，但亦能异花授粉，极易自然杂交，果实外形不一致，种子特征较一致，种子饱满，横切面圆形，新鲜子叶呈白色、淡紫色到淡红色，发酵后白色至淡褐色，有些甜味或稍有苦味。在产量和品质方面，单株平均年产可可干豆约1 kg，产量较低，但其品质优良，含有较高的脂肪和糖分，水分和粗纤较少，具有良好的风味。

Criollo可可树易受病虫为害，仅在肥沃的土壤和良好的环境下才能获得高产，在生产上少有种植。但在马来西亚和菲律宾的一些变种却具有较强的抗性，并具有粗生的特点，被认为是较有希望的育种材料。一般植后3～4年开始有少量果实收获，8年后进入盛产期。

6. Amazon（upper Amazon）

Amazon是1930年特立尼达为培育抗鬼帚病的品种。果荚绿色，成熟时黄色，果实大小与西非Amelonado相近，表皮粗糙，可可豆较Amelonado小些，新鲜种子子叶呈紫色，发酵较困难。

Amazon 品种生势壮、生活力强、早产、产量较高，可可脂含量达 56%～59%，但种皮率较高，平均达 14.0%～16.0%，风味较差，在西非用它作杂交亲本以获得高产、优质的类型。

7. Trinitario

Trinitario 是一个杂种群（Criollo 与 Forastero 的自然杂交种），其果实长，种子大而饱满，优良的无性系单株产量多在 1.0 kg 以上，ICS89 可达每株 3.0 kg。自交不亲和，实生树果形变异较大，种子大小较一致，在商业上仍归入品质上等的可可，生产上多采用无性繁殖，3～4 年开始结果，8 年进入盛产期。

8. Djati - Runggo

风味似 Criollo，但耐病性强或抗病，产量较高，爪哇近年的可可园种有这个品种。

9. CCN 51

CCN 51 是 ICS 95 与 IMC 67 的杂交后代，由厄瓜多尔选育。该品种抗病性很好，对鬼帚病有广泛的抗性。CCN 51 产量表型也非常好，子叶呈淡紫色，每个果含有 50 粒以上的种子，在无荫蔽条件下，产量高达 2 000 kg/hm^2。

三、中国可可新技术

1. 可可嫁接育苗技术

可可嫁接育苗技术是一项可以在生产上投入使用的实用技术，能有效弥补可可实生育苗技术繁育种苗一致性差等缺陷。该技术处于国际先进水平，适合优良可可苗木的大规模生产。该技术操作简便，标准化生产水平高，适宜各种类型苗圃。可可嫁接育苗技术繁育的种苗，抗逆性强，能保持母本的优良表型，对于标准化种植有良好的推广应用前景，该技术的推广应用将大幅提高可可育苗技术和生产效益。

主要技术要点如下。

① 苗圃地规划。苗圃地选择交通方便、靠近植区、近水源、静风、湿润且排水良好的缓坡地或平地作苗圃，且园地环境质量符合相关规定。苗圃地平整后进行规划，内容包括苗床、荫棚、道路及排灌设施。苗床宽 90 cm，长度根据地形地势而定。苗床呈区间布置，区间即为道路，沿道路布设供水系统。架设荫棚，高 1.8 ～ 2.0 m，棚顶及四周覆盖荫蔽度 70% ～ 75% 的遮阳网。在苗圃地，用砖块砌成宽 90 cm、高 30 cm 的沙池，长度根据实际需要而定，用干净的中细河沙作为沙床基质，厚 20 cm。

② 砧木苗繁育。在果实盛熟期，从优良母树上采摘充分成熟、果形正常、着生树干上的果实，催芽当天剖开果实，用手反复揉搓后用清水洗净种子，同时剔除不饱满、发育畸形或在果壳内已经发芽的种子。剖果及清洗要在阴凉处，避免阳光直射种子。果实采摘后，应在 5 天内处理，以保证种子发芽率。一年之中成熟种子均可催芽育苗，但适宜时期为 2—4 月。将种子用 50% 多菌灵可湿性粉剂 500 倍液浸泡 1 ～ 2 h 后，再用清水漂洗干净。将种子均匀撒于沙床上，种子间不要重叠，播后在沙床表面覆盖一层河沙，厚度为 1 ～ 2 cm，再盖上椰糠，充分淋水。沙床保持湿润并做好排水，每 1 ～ 2 d 淋一次水。在小苗子叶未平展前移苗。移苗前沙床淋水，铲起幼苗后剔除主根、主干弯曲以及其他病苗弱苗，保持幼苗根系湿润。起苗后随即植苗。植苗时用竹片在装好营养土的袋中央挖一小穴，将幼苗根部置于穴内，回土，压实根部周围土壤，植苗时不能弯曲主根，植苗后淋足定根水。营养土按有机肥：壤土：河沙 =3：6：1 配制。移苗后应定期淋水，保持袋土湿润。及时排除苗圃积水。在第一蓬真叶老熟后和子叶开始脱落前，施用 0.5 % 复合肥水溶液进行追肥，每月 1 次。及时人工除去营养袋面及畦间杂草。

③ 接穗采集与保存。从优良品种母树上选取半木栓化枝条为接穗，剪取树冠中上部

外围，发育健壮、节间长、腋芽饱满的枝条。以阴天或晴天上午 10 时前、下午 5 时以后采集为宜。采集后，剪去一级分枝和叶片，保留叶柄，挂上标签。穗条应随采随用。如需短期保存或寄运，应将穗条放入清水中浸湿，甩干水后，用干净湿毛巾包裹后装入塑料袋中密封保湿，置于阴凉环境中，温度保持在 20 ～ 25℃。保存期不应超过 3 d。

④ 嫁接。适宜嫁接时期为 3—4 月或 9—10 月，嫁接时间最好是阴天、晴天早上或傍晚，高温期、低温期、雨天不宜嫁接。以主干直立、茎粗 0.8 ～ 1.2 cm 的实生苗作砧木。嫁接前一周将砧木打顶，保留 3 ～ 5 片叶。芽接选择枝条上较平部位腋芽，用利刃先在腋芽上下部位横向各环割一刀，再在腋芽左右纵向各切一刀，芽片长 0.8 ～ 1.5 cm、宽 0.5 ～ 1 cm，深度刚到木质部；轻拉芽片上的叶柄使其从木质部剥离。在砧木离地 10 ～ 15 cm 较平直处开一平滑长方形切口，深达木质部，长、宽与芽片一致，切开的树皮仅与切口底端相连。将芽片嵌入砧木切口，使芽片形成层与砧木形成层对齐，切口树皮紧压芽片，露出腋芽。用塑料绑带自下而上覆瓦状绑扎，绑扎过程中，轻扶芽片，最后在接口上方打结。腹接选择平直枝条，截成长 4 ～ 6 cm、包含 1 ～ 2 个饱满腋芽的接穗，将接穗两端均削成约 45° 斜面；接穗无腋芽一侧纵向削去韧皮部，形成纵削面。在砧木上开一深度刚达木质部竖长切口，长、宽与接穗一致，切除中段树皮，剥离切口两端树皮，切口两端树皮一端与砧木相连。拉开切口下端树皮，将接穗下端插入砧木切口，再拉开上端树皮，从侧面将接穗上端嵌入切口，接穗纵削面与砧木木质部贴合，切口树皮紧压接穗，用塑料绑带自下而上覆瓦状绑扎，最后在接口上方打结。

⑤ 嫁接后管理。嫁接后 30 ～ 45 d，观测到接穗有新芽抽出便可解绑，期间温度较高可较早解绑，温度较低可适当延长。解绑 2 周后，凡接穗成活植株，在嫁接口上方 5 ～ 8 cm 处剪砧。及时抹除砧木上的萌芽。视土壤干湿情况适时灌水，保持土壤湿润；接穗萌芽后可适当施肥。当苗木的根从袋内穿出扎进苗床时或出圃前 15 d 应移苗断根，将营养袋外的根系剪除，断根后注意检查苗木水份供应。出圃前 10 ～ 15 d 打开遮阴网，在全光照下育苗，逐步减少浇水量。

2. 经济林间作可可栽培技术

经济林间作可可栽培技术适合于椰子、槟榔、橡胶间作可可的规模化、标准化生产。技术要点主要包括园地选择、园地规划、园地开垦、定植、田间管理（土壤、水分、荫蔽树、施肥管理、整形修剪）等。

主要技术要点如下。

① 园地开垦。定植可可苗与荫蔽树前，必须清理园地上的小灌木等。如果利用园地上现有的灌木作为可可苗的荫蔽，当可可树成龄后需要降低荫蔽度时，疏伐灌木将比较困难。

② 园地规划。小区面积 2 ～ 3 hm^2，形状因地制宜，四周设置防护林。主林带设在较高的迎风处，与主风方向垂直，宽 10 ～ 12 m；副林带与主林带垂直，一般宽 6 ～ 8 m。根据种植园的规模、地形和地貌等条件，设置合理的道路系统，包括主路、支路等。主路贯穿全园并与初加工厂、支路、园外道路相连，山地建园呈"之"字形绕山而上，且上升的斜度不超过 8°；支路修在适中位置，将整个园区分成小区。主路和支路宽分别为 5 ～ 6 m 和 3 ～ 4 m。小区间设小路，路宽 2 ～ 3 m。在种植园四周设总排灌沟，园内设纵横大沟并与小区的排水沟相连。根据地势确定各排水沟的大小与深浅，以在短时间内能迅速排除园内积水为宜。坡地建园还应在坡上设防洪沟，以减少水土冲刷。无自流灌溉条件的种植园应做好蓄水或引提水工程。

③ 定植前管理。用绳子和竹竿定标，可可适宜株行距 3 m × 3 m 或 3 m × 3.5 m。行应为东西走向，便于植株最大化利用光照。可可良性生长需要适度的荫蔽，与经济作物复合种植能合理利用土地，增加单位面积土地收益。

④ 椰子间作可可。椰子林与可可复合种植，椰子与可可之间能形成良好的生态环境，椰子投产后林下光照、通风等，与可可生产所需的条件能较好匹配。椰子树定植 2 ～ 3 年后，在椰子林下种植可可。椰子株行距为 7 m × 9 m（10 ～ 11 株 / 亩），可可株行距为 3.5 m × 3 m。椰子过密会导致椰子林下荫蔽度过高，投产后可可产量较低。

⑤ 槟榔间作可可。槟榔与可可复合种植，能降低太阳对可可树干的直射，可可叶片、树枝等凋落物覆盖园地表面，抑制杂草生长并能起到保持水土、增加土壤有机质和养分的作用。槟榔树定植 2 ～ 3 年后，在槟榔林下种植可可。槟榔株行距为 3 m × 3 m（75 株 / 亩），可可株行距为 3 m × 3 m。与椰子间作不同，槟榔树成龄后林下有充足的光照。

3. 可可病虫害防控技术

病原菌侵染可可果实、根部，果实表面形成黑色病斑直到覆盖整个果实，同时引起枝条溃疡、树势衰弱甚至死亡。害虫主要刺吸为害可可幼果和嫩叶，受害果实和叶片出现多角形或梭形水渍状斑点并逐渐变黑，造成幼果皱缩、干枯、凋落。温湿度较大时病虫害伴随发生，害虫取食斑点周围易出现白色霉菌。由于存在病害传播途径多、害虫具抗药性发生快和寄主转换现象的特点，仅化学防治方法效果不佳。本技术防治要点：定期修剪控制合理的荫蔽度、清除带病果枝、选用抗病虫品种、利用信息素、生防菌等生物防治、与槟榔 / 椰子等作物间作、合理的水肥管理及高发期化学防治等。

4. 可可特色风味巧克力研发技术

传统可可豆加工存在发酵不彻底、可可豆烘焙香气品质差、营养物质未充分利用、产品种类少、风味稳定性和协调性差等问题。通过该技术的实施，提升了可可豆及巧克力产品的香气品质，使我国掌握了可可精深加工的关键技术。技术要点主要有箱式温度补偿发酵技术、可可豆数字及智能化温控烘焙生香技术、配料低温干制与烘烤生香处理、超细精磨、风味改善与提香等技术，将可可与香草兰、咖啡、胡椒、椰子等多种原料有机结合，提高特色原料利用率，促进香料饮料产品营养风味高值利用，巧克力产品质构和口感得到明显改善。

第五章

依兰品种与技术

一、中国依兰新品种

密花依兰

品种来源：该品种是中国热带农业科学院香料饮料研究所从科摩罗引进的依兰实生树群体中优选出的早花、多花、高产单株，经无性系繁育和多年多点试验选育而成。多年多点区域试验表明，定植第 2 年开花（少量），第 3 年正式投产，第 5 年进入盛产期。

品种特征：叶片薄纸质，卵状椭圆形，长 10.0 ～ 18.0 cm，宽 4.0 ～ 14.0 cm，顶端渐尖，基部圆形；花序单生于叶腋内或叶腋外，有 5 ～ 10 朵，呈黄绿色，芳香，倒垂，主花枝花序数量约 10 个 / 枝；花梗长 1.0 ～ 4.0 cm，被短柔毛，有鳞片状苞片；萼片卵圆形，外反，绿色，两面被短柔毛；花瓣内外轮近等大，线状披针形，长 5.0 ～ 8.0 cm，宽 8.0 ～ 20.0 mm；雄蕊线状倒披针形，基部窄，上部宽，药隔顶端急尖，被短柔毛；果实近圆球状或卵状，长约 1.5 cm，直径约 1 cm，单果重 2.5 ～ 3.5 g，果实形成初期为绿色，成熟转为黑褐色；果实内含有种子 3 ～ 12 粒，种子褐色至深咖啡色，扁圆形，表面光滑质硬，千粒重为 50 ～ 52 g。

生长特性：多年生热带木本香料作物，栽培或园林绿化矮化主干高度 2.5 m 以下，平均冠幅 2.0 ～ 4.0 m；主干摘顶后，近顶层 3 ～ 5 条分枝很快增粗，迅速起到骨干枝作用，构成树冠骨架。

适宜栽培条件：耐寒性较强，适应性广，且尚无病虫为害发生，适宜我国海南、云南、广东、广西（广西壮族自治区，以下称广西，全书同）等气候特点。

产量与品质表现：主花枝花序数量约 10 个 / 枝，单花重 2.0 g，平均单株产量 5.0 kg/

密花依兰花密度

密花依兰矮化修剪树形

株，平均单产鲜花 150 kg/ 亩，产量高。其花瓣提取的依兰精油，是名贵的天然高级香料和高级定香剂，具有抗忧郁、抗菌、催情、降低血压、镇静等保健作用，是制造香水、香皂和化妆品等日用化工原料。精油得率约 2.0%，由烯烃类、醇类、酯类和醛类物质组成，富含反式石竹烯、α－葎草烯、β－毕澄茄烯、α－法呢烯、芳樟醇、香叶醇、乙酸香叶酯、苯甲酸苄酯、苯甲酸香叶酯和柳酸苄酯等香气成分。其中 β－毕澄茄烯相对含量高达 20.14% ± 0.02%，其次为乙酸香叶酯 14.83% ± 0.78% 和苯甲酸苄酯 14.56% ± 2.42%。

二、中国依兰新技术

1. 依兰种苗繁育技术

主要技术要点如下。

① 砧木繁殖。砧木为种子实生繁殖，种子播后第 1 ～ 2 年即可芽接。挑选生长健壮、分枝部位高、无病虫害的实生苗做砧木，芽接前一周将砧木打顶，保留 3 ～ 5 个叶片，芽接前砧木枝干表面保持干燥。一般 4—11 月均适宜依兰的芽接，而以春、秋两季最适宜。

② 接穗选择。从长势良好的依兰母株上选取 2 ～ 3 年生、发育健壮的开花母枝上的直生枝做接穗，剪去接穗枝上的叶片，保留叶柄，用湿毛巾包裹保湿；采集接穗当日，选择接穗枝上较平部位的休眠芽，先在休眠芽上下横向各环割一刀，再在休眠芽左右纵向各切一刀，接穗长 0.8 ～ 1.5 cm，宽 0.5 ～ 1.0 cm，深度刚到木质部；用食指和拇指轻拉接穗上的叶柄使其从木质部上剥离。

③ 芽接方法。在砧木离地 10 ～ 15 cm 处开一平滑长方形切口，深度刚见木质部，以与接穗能够相契合为准，开切口时使切开的砧木片仅与切口底端相连，将接穗嵌入切口，使接穗形成层与砧木形成层对齐，然后将切开的砧木片紧压接穗，露出接穗上的芽点，自上而下将接穗和切开的砧木片以及接穗和砧木结合处进行绑扎，切开的砧木片长度以其紧压接穗后紧邻接穗上的芽点下端为标准。芽接 3 周后解除绑扎，芽接 4 周后剪去切口上 5 cm 以上的砧木，及时清除砧木上长出的萌芽条，每 2 ～ 3 周 1 次，3 个月后获得芽接后的种苗。

2. 依兰矮化栽培技术

主要技术要点如下。

① 种植园选择与准备。种植园应选择地形开阔，阳光充足，土壤微酸性、湿润、肥沃、松散，土层深厚、排水良好的植地环境。

② 种苗定植。一般春、秋两季进行。定植前挖大穴（边长 0.8 m，深度 0.6 m），施足基肥，每穴可施入有机肥 25 kg 并混入过磷酸钙 1 ～ 2 kg，用表土回穴。在台地建园，株行距 6 m × 6 m ；缓坡丘陵地，株行距 5 m × 6 m。定植后浇足定根水，植穴面覆盖草以减少水分蒸发。定植后设立支柱加以保护，避免风吹而摇动根系影响成活率。

③ 施肥管理。密花依兰一年抽梢 3 ～ 4 次，周年开花，每年春季抽梢前、夏季开花前及秋季开花后各追肥 1 次，每次每株可施入猪牛粪肥 10 ～ 15 kg、复合肥 2 ～ 3 kg。

④ 矮化整形修剪。采用单干一次截顶法，即苗木栽植后，留单干，定植 1 年后，在 2.5 m 高处一次截顶。将主干上的一级分枝培养成主枝，留主枝 3 ～ 5 条。壮的主枝留 2 条直生枝，直生枝留在主枝的两侧，相距约 1 m；离主干近的直生枝，距离主干不能 < 0.8 m。弱的主枝留 1 条直生枝，距离主干 1.0 ～ 1.5 m。去顶 15 ～ 20 d 后，树干上抽出直生枝，须及时从芽枕处切除，否则会消耗过多养分而抑制一级分枝发育，延迟树冠形成。同时，要及时疏剪主枝上过多的直生枝、内向枝、下垂枝及病虫害枝。

⑤病虫害防治。密花依兰病虫害较少、为害较轻。一般蚜虫为害，可用 3 500 ～ 4 000 倍液的吡虫啉可湿性粉剂溶液喷施，每周喷 1 次，连续喷 2 ～ 3 次；炭疽病主要为害叶片和果实，可通过清除病叶病果，加强抚育管理防止病害蔓延，同时，采用 50% 咪鲜胺锰盐可湿性粉剂 1 000 倍液或 80% 代森锰锌可湿性粉剂 800 倍液进行喷施处理，每周喷 1 次，连续喷 2 ～ 3 次。

第六章

沉香品种与技术

一、中国沉香新品种

“热科 1 号”沉香

品种来源：中国热带农业科学院热带生物技术研究所沉香研究团队和化州市沉香协会、种植公司及多家沉香种植合作社长期合作，历经多年，通过母树选择、采穗圃建立、种子园建立、引种驯化、区域试验、生物学性状评价、结香评价、分子评价、DUS（特异性、一致性、稳定性）测试、嫁接繁育等手段，成功选育出白木香优良品种“热科 1 号”沉香（*Aquilaria sinensis* ‘Reke1’），并通过了海南省林木良种评审委员会的认定。

品种特征：常绿乔木，树冠圆锥形，树干直。树皮常发白并较为光滑（普通白木香为颜色较深且较为粗糙）；锯断树干端口处可见淡黄色木质部，闻有淡奶香气（普通白木香树干端口处木质部发白，几无奶香气）；单叶互生。叶片为椭圆形，薄革质，长 5 ～ 10 cm，宽 3 ～ 5 cm，全缘，两面无毛，上面亮绿色，叶尖渐尖；叶脉细，近平行。伞形花序腋生或顶生，花小，黄绿色，基部花萼 4 ～ 5，宿存；花瓣 5，外面微被毛；雄蕊 10 枚，花丝 5，上端红色。雌蕊 1 枚，柱头头状，子房上位，2 室，被毛；蒴果卵球形，两侧微压扁，每室各具 1 胚珠。种子 2 枚，成熟时黑褐色，被毛，具尾状附属物，形似蝌蚪。花期 4—5 月，果期 6—7 月。苗期形态：一年生苗木树皮稍发红，龟裂较多（普通白木香则树皮发白，龟裂较少）。

生长特性：该品种与普通白木香对比，切开树体观察断面颜色呈黄白色，奶香气味浓，而普通对照则呈白色，奶香味淡；采用打钉法处理的树干受伤后，伤口恢复的打钉周围不凸出，愈合能力较弱，而普通对照的愈合能力强，且在打钉周围凸出；结香的颜色呈黄褐色，普通对照的颜色呈黑褐色；对相同结香方法、相同结香时间、相同重量的该品种和普通白木香的品种采用相同方法比较萃取的乙醇浸出物得率（取平均值），前者均高于 10%，而后者均低于 10%。

适宜栽培条件：生态适应性较广，在我国海拔 1 300 m 以下的地区均可种植。最适宜生长的环境：年降水量 1 200 ～ 2 500 mm，年平均气温 19 ～ 27 ℃，最低温不低于 3℃。海南中西部、广东南部、广西西南部、云南西双版纳、贵州兴义、四川攀枝花、西藏* 墨脱等地均适宜引种种植。该品种是深根性树种，对土壤要求不高，在酸性红壤、砖红壤、

* 西藏自治区，以下简称西藏，全书同。

山地黄棕壤的山地、丘陵地、台地或退耕还林地、山坡地等均可种植。

产量与品质表现：树干受伤后，所产沉香为黄褐色，且向伤口周围扩散至 10 cm 的距离，而普通白木香则为黑褐色，向伤口周围扩散不超过 5 cm。在相同的结香条件下，其结香木材体积较普通白木香平均增加 30% 以上，结香产量随之增加。在同一产地，相同树龄的该品种和普通白木香树的相同部位采用相同的方法结香，并在同一时间取香，该品种所产沉香的特征性成分相对含量比普通白木香树有显著提高。该品种结香所包含的色酮类成分平均为普通白木香对照的 4.6 倍，特别是 2-(2-phenylethyl) chromone，还有奇楠中含量较大的另两种色酮类成分 2-[2-(4-methoxyphenyl) ethyl] chromone 和 6-Methoxy-2-(2-phenylethyl) chromone。该品种可作为经济林和生态林，所结沉香可用于生产高质量沉香摆件、手串、精油、线香等。

林木良种证

（认 定）

良种名称 热科1号沉香

树种 白木香

学名 *Aquilaria sinensis* 'Reke 1'

良种编号 琼R-ETS-AS-010-2016

良种有效期 至2021年12月20日

适宜推广生态区域

适宜在海南东部、中部、北部地区种植。

编号：（2016）第010号 发证机关

2016 年 12 月 21 日

热科 1 号林木良种证（认定）

白木香良种热科 1 号结香情况 1

白木香良种热科 1 号结香情况 2

二、中国沉香新技术

1. 沉香种苗种子繁育技术

主要技术要点如下。

① 种子采收与贮藏。需选择优良的母树采收种子，母树树龄应为10年以上，应干形通直、生长健壮、无病虫害，正常开花结果。对白木香而言，花后78～85 d为宜，时间为5—6月，选择晴天，使用高枝剪剪下果实或搭梯子上树采摘。果实采收回来后，必须及时处理以免果实或种子发热、发霉变质。可将采收回来的果实立即摊开置放在通风透气的地板上风干，经过2～3 d，果壳裂开，种子可自行脱出，然后除去果瓣，收集种子；也可手工剥开果瓣取出种子，剥开时应尽量避免损伤蝌蚪尾巴状的附属物。如果保存时间较短或做短距离运输时，可采用带果壳保存方法，即果实采收后，置放于纱网袋中保存或

白木香果实与成熟的种子

运输，这样可确保种子新鲜，7 d 内发芽率不下降。如果不及时播种，可混湿沙贮藏，采用一层沙盖一层种子的方法贮藏种子，为了避免种子在贮藏过程中发芽，注意沙子的湿度要适宜，以手握成团，松手即散为宜。一般 1 个月内种子发芽率不下降。低温贮藏：白木香种子保存的方法最好是采用低温贮藏，在 5℃时种子保存的时间较长，可达 135 d，贮藏时，种子所处环境的湿度范围保持在 35 % ～ 54 %，种子的含水量控制在 8 % 左右为宜。

② 播种前处理。采用温水浸种更有利于刺激种子发芽。具体操作方法：将白木香种子放在 35 ～ 40℃的温水中浸泡，让其自然冷却后再用常温水浸泡，中途要换清水，24 小时后取出种子滴干水后即可以在苗床上播种，也可用湿沙层积催芽。具体操作方法：将种子平铺在准备好的湿润沙床上，一层沙上铺一层种子，依次堆放 3 ～ 4 层，沙层以没过种子后沙厚约 2 cm 为宜。要经常观察，保持沙子湿润，湿润度不宜过大，以免种子腐烂。待大部分种子露白后，取出种子即可点播或撒播。

③ 播种育苗。育苗时对于苗床应该尽可能选择地势平坦、靠近水源、输送肥沃、排水良好的沙质土做苗圃，翻耕、整地、耙平、施足基肥，主要以有机肥（人畜粪尿）。作畦，畦宽 1 m、高 20 cm，长度视地形而定。搭棚遮阴，棚高 2 m。沉香种子可播种到铺有洁净细沙的苗床上，细沙可用河沙过筛网获得，采用撒播法进行播种，将种子均匀撒在苗床上，每亩约 8 kg。幼苗喜阴，上面要架设遮阳网或者盖草，保持 50 % ～ 60 % 的透光度，每天淋水 1 ～ 2 次，10 ～ 15 d 开始发芽。在雨水较多的季节播种，一定要搭设防雨棚，防止水多烂种。为保证上山造林成活率，也可采用容器（营养袋、育苗盘、无纺布等）育苗。育苗袋土壤配制可采用 90 % 森林表土、5 % 椰糠（或烧焦的稻谷壳等）、4% 有机肥、加 1 % 钙镁磷。添加生物发酵剂发酵后使用。如果土质较黏即可晒干后粉碎，然后过筛网，土堆每 10 cm 撒石灰粉，再按照椰子棕：细沙：过筛的红土 = 2 ：2 ：6 混合。育苗容器以直径 10 cm、高 20 cm 为好。当沙床上的幼苗长出 2 ～ 3 对叶，可移入容器中培育。正常情况下是在播种 1 个月后苗高 5 cm 时最合适，育苗必须在透光度 50 % 左右的遮阴下进行。在苗高达 30 cm 后才需要逐渐增加光照。一般袋装苗 30 ～ 40 cm 时可出圃移栽，若未能及时移栽，则应定期检查育苗容器底部并不时挪动，避免白木香苗的主根穿透营养袋扎在地面上，从而避免在搬运时对幼苗根系造成伤害。

④ 苗期管理。出苗后荫蔽度控制在 50 % ～ 60 %，并及时揭去苗床上的草。随着苗木生根成活和长大逐步拆除荫蔽物，增加透光度。幼苗不耐旱。如天气干燥每天早晚各淋水 1 次，保持土壤湿润。如遇天气连续下雨或土壤含水量过高要注意及时排水。当苗高 6 ～ 10 cm 时开始间苗，疏除小苗、弱苗和病苗。结合间苗在缺苗的空隙地进行补苗。除去杂草，以后每月除草 1 次。当幼苗高 10 cm 以上、全部长出 2 ～ 3 对真叶时，开始将苗床上过密的苗移到营养袋中，使苗木保持合理的间隔，增加透气度。营养袋配料是表

土、河沙、牛粪与过磷酸钙混合。移苗后 2 个月施肥 1 次。第 1 次于 9 月施稀薄人粪尿水 1 000 L/ 亩，第 2 次于 11 月施复合肥 35 kg/ 亩。

⑤ 断根炼苗。沉香苗在 1 年的装袋育苗期内，需要进行 1 ～ 2 次断根处理，由于沉香树是深根性树种，主根发达并生长迅速，通过断主根处理来促进袋中侧根的发育。同时，每次断根处理操作后，将每袋苗的间距扩大，增加苗木的横向生长空间，从而使地径增粗，提高抗逆性。在出圃前 15 d 应进行 1 次断主根处理，以促使苗木侧根发育，提高造林成活率。一般在出圃前 2 个月应进行炼苗，炼苗时应全部揭除遮阴网，进一步将每袋苗的间距扩大，使苗木在全光照下生长。炼苗期间，苗木不再施肥且应逐渐减少水分供应，炼苗期一般是 30 d。营养袋苗在出圃前的 20 d 就要原地移动袋苗，切断穿袋的根系，出圃时再剪去部分枝叶，以减少水分及养分消耗，提高造林成活率。裸根苗在出圃前 10 d 就应起苗，起苗后要剪去大部分枝叶及过长的根系，然后集中假植催根，出圃时再用泥土

A. 白木香树；B、C、D、E. 花果种子；F、G. 结香组合图

浆根并包装出圃。炼苗时，所有苗木一定要进行苗木分级，高、矮、粗、细、病弱苗要分开培育，移动炼苗或假植催根时可使用遮阴设施过渡炼苗。

⑥ 苗木出圃。种苗在营养袋中培育 6 个月后，苗高可达 50 cm，裸根苗在育苗床中培育 8 个月后，苗高达 80 cm，此时苗木可以出圃上山造林。为了提高苗木的抗逆性和种植后的成活率，苗木出圃前一定要进行断根、炼苗。苗木出圃时必须坚持“合格苗才能出圃，不合格苗应继续留圃培育”的原则。

白木香装袋育苗

白木香种子苗苗圃

2. 沉香种苗嫁接繁育技术

主要技术要点如下。

① 砧木选择。选用生长旺盛而又无病虫害的 2 年的实生普通白木香苗作为砧木，要求距离地面 5 ～ 6 cm 处的直径至少 1.5 cm 以上，砧木如果较粗可接 2 个接穗。芽接前 1

个月左右施用适量的复合肥并保证充足的水分促进砧木生长，芽接前 10 d 左右，应将选定的砧木下部距离点 7 ～ 8 cm 的分枝剪除，以便于操作。芽接前应观察顶端树叶，如果老化而无或极少嫩叶抽出时，再剥开少许树皮查看形成层与木质部之前是否有黏液，如果有则是嫁接的最佳时期。

② 选削接穗。在健壮、无病虫害的亲本树冠外围部位，选取叶芽饱满的当年生的发育枝，应避免在花果期选取枝条。枝条选好之后，马上剪去叶片，只留叶柄。左手拿好枝条，右手持芽接刀，先在枝条上选定 1 个叶芽，在选定的叶芽上方 1 ～ 1.5 cm 处横切一刀，长约 0.8 cm，再在叶芽下方约 1.5 cm 处横切一刀，然后用刀自下端横切处紧贴枝条的木质部向上削去，一直削到上端横切处，削成一个上宽下窄的盾形芽片——接穗。为了保持接穗的湿度，可将接穗含在口里或用湿布盖好。如果砧木距离取接穗处较远，也可将具叶芽的枝条剪断，去除叶片保留叶柄，然后再用湿布包裹，运送至砧木处再取接穗。

③ 芽接方法。在砧木的迎风面距离地面 2 ～ 3 cm 处和 5 ～ 8 cm 处带有叶芽的树干，在距离叶芽上 1.5 ～ 2 cm 处和下 2 ～ 3 cm 处各横切一刀，长约 1 厘米，深度以切断砧木皮层为度，再从两侧向下垂直各切一刀，长 3 ～ 5 cm，切成“U”形或盾形。然后用芽接刀骨柄挑除砧木皮层，以便插进接穗。将接穗贴住削好的接口，用塑料带或其他绑缚材料，从上往下绑紧接穗，要将芽露在外面。

④ 芽接后管理。嫁接后 10 d 左右要检查嫁接是否成活。如接口处不发黑，接穗树皮青绿，表明已经成活，如接口处发黑，接穗树皮干枯，则表明未成活，需要补接。成活 15 ～ 20 d 后，要将绑缚解除，以免阻碍接合部位生长，并将接穗周围和下部芽点抹除，促进接穗抽芽。此后 30 ～ 40 d 应进行剪砧，剪砧的位置选在距离接穗上 10 cm 处为宜。当接穗长到一定的高度时，应在一旁插支柱，将接穗枝条绑缚在支柱上，使接穗枝条得以直立生长，并防止被风吹断。

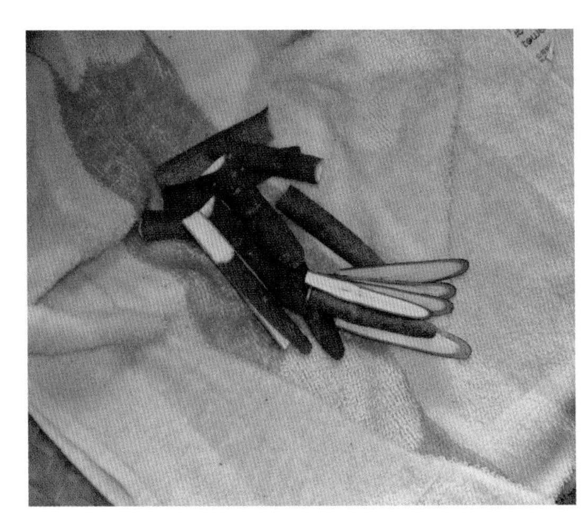

接穗准备

削切砧木

插入接穗　　绑紧接穗

热科 1 号嫁接成活情况

3. 沉香高效栽培技术

主要技术要点如下。

① 林地选择与规划。一般选择海拔高度 1 000 m 以下。在坡度＞ 25° 的山地种植沉香树，最好能开挖宽 60 cm 的水平种植带，也可在疏林地和次生林的剩余树木下种植。选择土层深厚、有机质含量高的黄壤地为佳。对林地全面清理，一般采用穴状整地方法，穴规格大约为 50 cm × 50 cm × 50 cm 或 40 cm × 40 cm × 40 cm，挖穴株行株距一般为 2 m × 2 m，种植密度为 110 ～ 167 株 / 亩，或 1 m × 1 m，种植密度为 300 ～ 400 株 / 亩。挖穴后每穴放入 2.0 kg 农家肥（牛粪、沼气水、猪粪、鸡粪等）或 0.5 kg 的复合肥（N：P：K = 15：15：15），挖穴和施肥最好在种植前 1 个月完成，农家肥应该充分腐熟再施用，时间一般为 1 ～ 2 个月。农家肥的特点在于肥效持续的时间长，同时具有保水保湿

作用，因而在移栽施肥、追肥时尽量以农家肥为主，复合肥等为辅。在坡度超过 25° 的山地种植沉香树时，宜水平带状整地（按等高线分布）以保持水土。阔叶树种纯林容易受病虫侵害，其风险远远高于混交林，可与其他植物一起种植，以混交林为宜。

② 小苗移植。移植时间以 3—4 月（清明节前后）为宜，最好在春雨后进行移植。如果是裸根苗移植时，尽量多带宿土。定植时，修剪过长的主侧根，蘸上鲜牛粪和泥浆，再剪去下部的侧枝、病虫枝、弱枝和过密枝，促进主干生长。如果是营养袋育苗移植时，用手轻轻压实土团，撕裂膜袋并尽量保持土团不散，带土将苗木放在事先挖好的穴中，使根系舒展不窝根，与土壤充分接触，再将“地虫杀”3 g 和适量石灰粉施放在苗木土团面上，用于杀线虫和调节土壤酸碱度，然后填土，厚度约为 15 cm，然后放入沉香苗，再覆土填满苗穴并要高出苗木土团 3 cm，并用手从外侧向内用力压实，此后盖上一层虚土，在株头土面再次施放“地虫杀”每株约 2 g，浇透定根水。在同一块地造林时要尽可能采用一级苗定植，以求林木生长整齐。

③ 大树移植。如需对大树进行移植时，要采取带土球移植，一般干径 15 ~ 20 cm，土球直径应为 1.5 ~ 1.8 m。在春、夏、秋三季均可进行移植，但夏季移植时要注意避免在新梢生长旺盛期，通常在春季移植效果最佳。所移树木应提前 1 ~ 2 年采取措施进行断根处理。移植前要对树冠进行适当的修剪，去除徒长、过密、病虫、折断、枯死等枝条。树干应该采取包裹措施，一般采用片麻包、草绳围绕，从根茎到分枝点处包裹，定植后再拆除。一般用种植土加入腐殖土（肥土制成混合土，比例为 7 ∶ 3）使用，肥土必须充分腐熟，混合均匀。还应注意分层进行，每隔 30 cm 一层，应压实后再填土，直到填满为止。第一次浇水水量不能过大，水流应缓慢，便于水分渗透和土壤下沉，浇透定根水；移植后 2 ~ 3 d 完成第二次；1 周左右完成第三次浇水。设立围栏和支撑架，防止树木受台风等恶劣天气等自然灾害、人、畜的因素而造成的倒伏。后期应注意保水、排水、防旱防冻、防病防虫、施肥除草等养护工作。

④ 间作套种。沉香的生长期长，定植前 3 年可间种粮油作物如玉米、薯类、豆类等，短期耐阴药材金钱草、穿心莲等，如行间较窄小，可以种植较耐阴的中药材如益智、草蔻、高良姜等。

⑤ 栽培管理。幼龄期生长较慢，特别需要加强松土除草管理，每年进行 2 ~ 3 次松土除草。时间可以安排在夏季伏旱前，秋末冬初季节进行。清除的杂草可放于根部周围，待松土时，将杂草埋入土里以增加土壤肥力。在沉香的各生长阶段用化学药剂清除或是控制杂草、灌木，调节光照面积和营养吸收。定植前几年，除草松土完毕后进行施肥，每年至少 2 ~ 3 次。一般选择阴天或晴天的下午，在幼苗周围挖穴，施入腐熟的农家肥或复合肥后盖上土。追肥的施肥方式：可采用距离根系 20 cm 以外地方沟施、穴施、撒施等。幼苗期少施基肥，速生期多施肥料，近熟期适量施用肥料。速生期增加施肥量，有利于沉香

快速生长。但后期减少施肥量，并根据长势有针对性地施肥，提高产香能力。要及时剪除下部侧枝、病枝、弱枝及过密枝，经过多次修剪，才能培育良好干材。幼苗第 1 年不要过早及过多地修剪所有侧枝，应当适当修剪，留有一定数量的侧枝。

⑥ 病虫害防治。以苗期枯萎病为主，可选用 50 % 多菌灵可湿性粉剂 500 倍液、40% 多菌灵胶悬剂 400 倍液、70 % 甲基硫菌灵可湿性粉剂 1 000 倍液喷洒土壤和植株 2 ～ 3 次，每次间隔 7 ～ 10 d。炭疽病可选用 1 % 波尔多液、70 % 甲基硫菌灵可湿性粉剂 1 000 倍液、80 % 代森锰锌可湿性粉剂 700 倍液、80 % 炭疽福美可湿性粉剂 600 倍液、50 % 多菌灵可湿性粉剂 500 倍液喷雾 2 ～ 3 次，每次间隔 7 ～ 10 d，严重时，间隔 4 ～ 5 d 喷洒 1 次。根结线虫在发病初期可选用 1.8 % 虫螨克乳油 1 000 倍液、1.8 % 阿维菌素乳油 1 000 倍液灌根 1 ～ 2 次，间隔 10 ～ 15 d 灌根 1 次。黄野螟以幼虫咬食叶片，人工挖蛹和用竹竿拨动被害植株枝条，待幼虫坠地后用脚踩死，或直接将受到为害的叶片摘下，将聚集在叶背的蛹和幼虫踩死。也可用 90 % 敌百虫 1 000 倍液喷洒树冠及林下地面。天牛幼虫蛀钻树干，可向虫孔内注射 90 % 敌百虫 800 ～ 1 000 倍液，或用脱脂棉蘸 40 % 乐果乳油 100 ～ 200 g/L，并封闭虫孔。卷叶虫可利用黑光灯或糖醋液诱杀成虫，发现卷叶立即摘除并集中销毁，也可在各代卵孵化盛期至卷叶前选用 1.8 % 的阿维菌素 5 000 倍液、1.8 % 阿维菌素乳油 4 000 倍液、90 % 敌百虫 1 000 倍液喷洒 2 ～ 3 次，每次间隔 7 ～ 10 d。

黄野螟

根结线虫症状对比（左边两棵为正常苗；右边 10 棵均为根结线虫为害症状）

炭疽病发病初期

卷叶虫

4. 沉香整树结香技术

主要技术要点如下。

用电钻在沉香树干离地面 40 cm 打洞（直径 3 mm，深度达木质部）。将结香剂 ITBB-001 母液稀释至合适的浓度，按一定的量装入树体营养吊注袋，并将其固定在树干离地面 170 cm 处。把树体营养吊注袋的输液管的针头插入洞口中，并用橡皮泥或蜡烛等密封，避免漏液。一般在春季、夏季和初秋温度较高的季节进行，在晴天早上到中午操作。除了输液外，也可在树体上间隔凿洞，将蘸满结香剂的棉花塞入树洞中，也可达到较好的结香效果。

装结香剂

悬挂结香剂

钻洞

结香剂输入树体

结香后新叶长出

结香

第七章

八角品种与技术

一、中国八角新品种

桂角系列

品种来源：广西壮族自治区林业科学研究院从20世纪80年代开始，利用筛选的40多个八角优良单株无性系，先后在广西苍梧县、宁明县、南宁市和金秀县等地开展区域性栽培试验，经8年对比试验和连续产量测定，选育出桂角45号、桂角77号、桂角78号3个性状突出、品质优良的八角优良无性系。

品种特征：属于红花类型的八角品种，花瓣淡红色至深红色，树冠紧凑，结果枝丰富。成熟果实浅绿色至浅黄色，鲜果数80～100个/kg，果实肥厚、蓇葖角匀称。

生长特性：常绿乔木，盛花期8—9月，秋季果实成熟期9—10月，种植后第3～4

桂角45号

桂角78号

桂角77号

年始果，第 10 年平均株产鲜 30 kg 以上。

适宜栽培条件：适宜种植于南亚热带、北热带地区的丘陵山地，年平均气温 20 ～ 23 ℃，1 月平均温度 8 ～ 15 ℃，绝对低温 -2 ℃以上，海拔 200 ～ 800 m 的丘陵山坡、谷地，适宜土层厚、肥沃、湿润、微酸性的壤土或沙壤土。干燥瘠薄、低洼积水以及石灰岩钙质土上不宜栽培。

产量与品质表现：果实称八角、大红八角、茴香或大料，是名贵的调香料和中药材。枝、叶和果实均含有丰富的芳香油，俗称茴油、茴香油、八角油，通过精深加工可制取茴香脑、茴香精、茴香醇、茴香酮等系列产品，可供工业上作香水、牙膏、香皂、化妆品等的原料。果实还可用于制取天然莽草酸，含量可达 10% ～ 12%，作为必备原料用于生产抗禽流感药物。

二、中国八角新技术

1. 八角种苗繁育技术

主要技术要点如下。

① 种苗圃地规划。选择地势平坦、排灌方便、通风良好、光照充足的地块作为圃地。搭盖高 2 ～ 3 m、黑色遮阳网透光度 20 % ～ 30 % 的荫棚。圃地开沟起畦，以沟作步道，畦作苗床。畦长 8 ～ 10 m、宽 80 cm、高 10 cm，沟宽 40 cm，畦面碎土平整，除去草根。

② 砧木培育。于霜降前后，果实由绿色转变为黄绿色或黄褐色，蓇葖果瓣还未开裂时采收果实。将果实在室内摊开晾干，勤翻动，直至蓇葖果瓣开裂自然脱出种子。用粗细均匀、湿润透气的细河沙与种子分层贮藏催芽，贮藏期间保持沙子适度湿润。选用装填基质前宽 12 cm、长 16 cm 的塑料或无纺布容器作育苗容器。选择黄心土，或者黄心土、肥沃表土、腐殖质土按比例混合而成的重基质，或者黄心土、腐熟椰糠、腐殖质土等按比例混合而成的轻基质。育苗容器装满基质，成行、紧密地摆在畦面上。当沙藏的种子发芽后，于 1—3 月在圃地播种，每容器播种 1 粒。播种后每畦拱棚并覆盖透明塑料薄膜，用泥土压实薄膜周边，拱棚内保持湿度 80% ～ 90%，避免棚内温度过高。待幼苗长出真叶后，于早、晚或阴凉天气拆除拱棚。视天气、基质的水分含量和苗木生长情况确定浇水与否和浇水次数，夏季宜早、晚进行。多雨季节要及时排水，避免苗床积水。每隔 15 d 用 0.1 % ～ 0.3 % 的尿素或复合肥水溶液淋施 1 次。施肥后适当用清水洗叶。及时拔除基质长出的杂草。

③ 嫁接方法。播种后培育 1 年以上即可进行嫁接。嫁接时间宜在 1—3 月八角萌芽前嫁接。从八角优良母树或优良无性系植株上剪取半年生至 1 年生、健壮、芽眼饱满、无病虫害的穗条。离基部 5 ～ 10 cm 切断砧木苗干茎，选择表皮光滑一侧，从断面开始稍带木质部纵向切一刀，勿切断皮部，切口平整、长 1.5 ～ 2 cm。剪取长 10 ～ 15 cm、饱满芽眼 2 个以上的接穗。从距离下端 1.8 ～ 2.5cm 处削去皮部，深达形成层，两面均削，削口平整。选择其中一面，从削口下端（1/3 处）斜削一刀，形成斜面。保留或不留叶片。将接穗斜面朝外插入砧木切口，下端抵紧砧木切口底部，削口上端露白 0.3 ～ 0.5 cm，用切好的砧木皮部覆盖接穗削面。用宽 2 ～ 3 cm 塑料膜条带包扎嫁接部位，勿使接穗松动移位。

④ 苗期管理。嫁接后参照砧木培育的方法进行薄膜拱棚，当接穗充分萌芽展叶后拆

除拱棚。嫁接部位充分愈合牢固后，解除塑料绑带。及时剪除砧木萌芽条。其他浇水、排水、施肥、除草等基本管理参照砧木培育的方法进行。嫁接后培育 1 ～ 2 年即可出圃定植造林。

2. 八角栽培技术

主要技术要点如下。

① 造林地选择。造林选择土层深厚、疏松、排水良好的酸性红壤土或黄壤土林地。株行距 4 m × 4 m。

② 种苗定植与与幼林期抚育管理。于 1—2 月间新芽未萌发前阴雨天气造林。每穴施放 0.5 kg 磷肥作基肥。造林当年除草松土 1 次，第 2 ～ 4 年每年带状、块状松土除草 2 次，第 1 次在 5—6 月，第 2 次在 8—9 月，松土深度 5 ～ 10 cm。每年 1—3 月和 6—8 月各施肥 1 次。造林当年每次每株施含氮、磷、钾的复混肥 30 g，第 2 年和第 3 年每次每株施含氮、磷、钾的复混肥 45 g，第 4 年和第 5 年每次每株施含氮、磷、钾的复混肥 60 g。

③ 成林抚育管理。进入盛产期后，每年浅锄 1 次，深度 7 ～ 10 cm，在每年夏雨过后和秋旱到来之前进行。每隔 3 ～ 4 年复垦 1 次，深度 15 ～ 20 cm，在采果后至次年树液流动前进行；坡度 150° 以下的八角林地，可全垦，坡度 150° ～ 250° 采用带垦，挖一带留一带，隔年轮换；坡度 250° 以上，以劈草抚育为主，适当进行块垦。每年 2—3 月进行林地劈草 1 次，8—9 月再劈草 1 次，杂草平铺林地。每年 1—3 月和 6—8 月各施肥 1 次，每次每株施配方肥 1 ～ 1.5 kg。

第八章

肉桂品种与技术

一、中国肉桂新品种

广西本地肉桂

品种来源：广西的西江桂和东兴桂为中国肉桂当家品种，西江桂主产于西江上游的浔江沿岸的平南、桂平、容县、藤县、岑溪等地，东兴桂主产于十万大山周边的防城、东兴、上思、龙州等地。

品种特征：乔木，树皮灰褐色。幼枝略呈四棱形，密被灰黄色绒毛。叶互生或近对生，嫩叶淡绿色或紫红色，老叶深绿，厚革质，长椭圆形或近披针形，长 8 ～ 16 cm，宽 4 ～ 5.5 cm，先端短尖，基部楔形，边缘内卷，表面亮绿色，背面疏生短柔毛，离基三出脉，叶柄长 1.2 ～ 2 cm，被黄色短茸毛。圆锥花序腋生，近顶生、顶生或腋生，长 8 ～ 16cm，花白色或黄绿色，花被 6 片，白色，能育雄蕊 9 枚，3 轮排列，花药 4 室，子

房 1 室，果椭圆形，黑紫色，具浅杯状果托。花期 5—6 月，果熟期次年 2—4 月。

生长特性：定植后 1 ～ 2 年生长很缓慢，3 年以后开始生长迅速，10 年生的肉桂树高可达 6 ～ 8 m。萌芽更新力强，深根性明显。每年可抽梢 2 ～ 4 次。实生林 6 ～ 8 年生可开花结实，花期 5—6 月，次年 2—4 月果实成熟。

适宜栽培条件：喜暖热湿润气候，要求年平均气温＞ 20℃，最冷月平均气温不低于 7℃，极端最低气温 -5℃。年降水量 1 200 mm 以上。适生于花岗岩、砂页岩、砾岩、变质岩等风化发育的土层深厚、肥沃、疏松、湿润、排水良好、微酸性或酸性的土壤，干燥瘠薄的土壤生长不良，低洼积水地易发根腐病。

产量与品质表现：桂皮可加工成板桂、桂通、烟仔桂和桂碎等产品，视为医药中的珍品，枝叶可蒸油，小枝、叶柄、叶芽、果实及宿存的花被均可入药。桂油既可直接用于调配食品饮料，也可合成各种高级香料，医药上广泛使用，近来有报道用肉桂提取一种治疗糖尿病的天然药物，应用前景广阔。在饮料和食品工业中，肉桂是重要的食品香料之一。

二、国外肉桂新品种

越南清化肉桂

品种来源： 越南肉桂原产越南清化省，因此又称“清化肉桂”，品质优良，我国从 20 世纪 50 年代末开始引种。肉桂香气浓、甜味重、含渣少，先甜后辣，皮厚、含油量高，值得推广。广西壮族自治区林业科学研究院从越南引进了清化肉桂种源在广西苍梧、防城、玉林以及广东罗定等开展试验研究。

品种特征： 与中国肉桂相似，但叶长、叶宽、叶面积均大于中国肉桂，有学者认为是中国肉桂的大叶变种，经深入对比研究证明，中国肉桂和清化肉桂属于不同的种。

生长特性： 与中国肉桂相似。

适宜栽培条件： 与中国肉桂相似。

产量与品质表现： 与中国肉桂相似，其木材材性比中国肉桂更适合用于生产纸张和纤维板。

三、中国肉桂新技术

1. 肉桂种苗繁育技术

主要技术要点如下。

① 实生种子繁殖。2—4 月播种，采用容器育苗，容器直径 8 ～ 10 cm、高 12 ～ 15 cm，容器材料为塑料或可降解无纺布。营养土用纯净黄心土，或者 75 % 表土 +20 % 草皮灰 +5 % 钙镁磷肥组成，或者腐熟椰糠 + 黄泥以及其他轻基质混合而成。填装基质后每袋点播肉桂种子 1 粒。

② 种子苗期管理。设荫棚，幼苗出土后，注意除草和松土。幼苗长出 3 ～ 5 片真叶时，用 500 倍复合肥液喷施，喷后用清水洗苗。苗木进入正常生长期后，每 15 ～ 20 d 追施 1 次腐熟农家肥和少量复合肥混合液；10 月下旬后施 1 次磷、钾肥；定期喷 0.5 % ～ 1 % 波尔多液。

③ 扦插繁殖的插穗处理。一般春季 3 月进行扦插。从采穗母树上剪取健壮无病虫害、半木质化嫩枝作为扦插插穗，随采随用，用枝剪截成 8cm，穗条保留 3 个芽，保留靠近插穗上端的 1 片叶子，剪成半叶，将下切口剪成斜口，上切口剪成平口，将插穗基部浸泡在 1 000 mg/kg 吲哚丁酸溶液中 100 min。

④ 扦插方法。选择高 12 ～ 15 cm 的营养袋，基质为黄心土，扦插前 1 天用浓度为 0.3% 的高锰酸钾溶液进行消毒。先用小木棍在基质上插一个小孔，然后将插穗插入，扦插深度为插穗长度的 1/3，然后将插穗周围的扦插基质压实；扦插后立即浇 1 次透水兼冲洗叶片，使插穗与扦插基质紧密结合，并用塑料薄膜拱棚保湿。搭设荫棚，每天早上定时打开封闭的拱棚苗床通气 60 min，同时每隔 8 d 喷洒 1 次 0.2% 的多菌灵，以防病虫害侵染，并及时清理干枯的落叶。

2. 肉桂栽培技术

主要技术要点如下。

① 苗木质量。1 年生裸根苗高 20 cm、地径 0.4 cm 以上，容器苗高 15 cm、地径 0.4 cm 以上。起苗时保留顶芽 1 ～ 2 片叶，其余部分剪去，稍修主根，裸根苗需浆根包扎后上山造林。

② 造林地选择。肉桂造林地应选择有植被覆盖，较肥沃，土层深厚，带微酸性的山地沙质壤土，平原、丘陵土壤。全垦整地或环山带状开成保水、保土、保肥的“三保”地，挖好定植穴、施基肥回填。造林株行距，因经营目的有所不同，以剥桂皮采桂叶为主的矮林作业株行距 1 m × 1.2 m 或 1 m × 1.7 m，以采种母树或培育大桂为主的乔林作业株行距 4 m × 5 m 或 3 × 5 m。造林季节裸根苗在春季雨水充足、新芽未萌发前进行，容器苗造林可在春季或秋季进行。

③ 抚育管理。造林当年松土除草 1 次，以后（2 ～ 3 年）每年带状或块状松土除草 2 次。松土深度 5 ～ 10 cm，不伤害苗木根系。栽植后 1 ～ 3 年的幼林肉桂每年施肥 2 次；栽植 4 年后的肉桂林则进行配方施肥，每年 3—4 月和 8—9 月各 1 次，每次每株施配方肥 0.25 ～ 0.5 kg。种植 4 年后，矮林作业结合冬季清园和采收桂叶，及时剪除病虫枝、弱枝、侧枝和过密枝，以利于通风透光，减少病虫和增强光合作用，乔林作业开始进行侧枝修剪，培育通直树干，提高桂皮质量。

④ 主要病虫害防治。常见的病虫害主要是枯枝病，肉桂林大片枯死，其主要是由泡盾盲蝽传播的病菌引起。防治方法应采取综合防治，根据泡盾盲蝽的生长规律，通过林地清理、合理修枝、合理使用化学农药等措施。

第九章

苦丁茶冬青品种与技术

一、中国苦丁茶冬青新品种

密芽苦丁茶冬青

品种来源：密芽苦丁茶冬青（Ilex kudingcha c.v.‘Miya’）是中国热带农业科学院香料饮料研究所从从广东省英德市大埔县引种的野生苦丁茶冬青种质资源中，优选出的生长快、高抗炭疽病、茶芽产量高且回甘味强的优良单株，经无性品系繁育和多年多点试验选育而成。

品种特征：常绿大乔木，自然条件下高可达 20 m，胸径约 20 ～ 60 cm，小枝粗壮有纵裂纹。树皮灰黑色，有白色斑纹。叶片大，较厚且革质，呈长圆形或卵状长圆形，先端钝或短渐尖，基部圆形或阔楔形，边缘具疏锯齿，叶面深绿色，具光泽，背面淡绿色。雌雄异株，花淡黄绿色，花多数排成假圆锥花序；雄花序每一分枝有 3 ～ 9 花成聚伞状，花萼壳斗状，花瓣卵状长圆形；雌花序每一分枝有 1 ～ 3 花，花瓣卵形。果实呈球形，成熟后为红色或褐色，轮廓长圆状椭圆形，具不规则的皱纹和尘穴，背面具明显的纵脊，外果皮厚且光滑，内果皮骨质。

密芽苦丁茶冬青品种

生长特性：一般在春季或秋季定植，长势较快。扦插苗在沙床中培育 5 个月后出圃，一般春季或秋季定植，生长较快，定植 2 年后初产，此后连续多年可产茶芽。在海南地区，全年均可采茶芽，分枝多而密，叶色深绿，生长快，茶芽产量高。高抗炭疽病，且具有较强的耐寒性。植物长势旺盛，耐修剪，适宜用于农业生产、提取加工、城镇园林绿化工程中的景观造型、庭院绿化观赏等。

适宜栽培条件：密芽苦丁茶冬青喜高温、多湿、阳光充足的环境，耐寒性较强，适应性强，适应于热带和亚热带气候，多分布于海拔 400 ~ 600m 的林地，适宜生长温度在 22℃以上。在年降水量 1 500 mm 以上、空气相对湿度 80% 以上的高山沟谷和坡麓生长良好。苦丁茶主根明显而侧根少，适宜种植在土层深厚、质地疏松、土壤 pH 5.5 ~ 6.5、透水性强、有机质含量丰富的沙壤土、沙砾土或沉积土。适宜在海南、广西和广东等热带、亚热带生态区种植。

产量与品质表现：密芽苦丁茶冬青经多年多点区域试验表明，定植第 2 年茶芽初产，第 3 年正式投产，第 4 年进入盛产期，自然分枝数量约 5 ~ 6 个，平均单株鲜茶芽产量 0.51 kg / 株，折合商品干茶芽 0.10kg/ 株，产量高。茶汤颜色清澈呈淡绿色，回甘味强，主要成分由皂苷类、黄酮类、多酚类和芳香油等物质组成，富含熊果酸、齐墩果酸、乙酰熊果酸、2α- 羟基熊果酸、甘草酸、苦丁茶甙元、α- 香树脂、β- 谷甾醇、绿原酸等。总三萜含量高达 2.74% ± 0.56%（质量分数），总黄酮含量可达 4.12% ± 0.63%（质量分数）。

苦丁茶冬青种植园

二、中国苦丁茶冬青新技术

1. 苦丁茶冬青种苗繁育技术

主要技术要点如下。

① 插条选择。剪取苦丁茶冬青母株上当年生半木质化的枝条作为插条，将插条剪成适当规格的插穗，插穗长度约 15 ～ 20 cm，直径约 0.6 ～ 1.0 cm。每个插穗保留 3 ～ 4 片叶片，每片叶片减去 1/3 的面积并保留叶柄。每个插穗含 2 个以上的腋芽（2 ～ 4 个），插穗上切口在芽上方 2.0 cm 处，下切口在芽下方 5 ～ 10 cm 处，插穗的切口整齐无破裂。插穗不采用基部木质化程度较高或顶端幼嫩部位的枝条。

② 插穗制备。制作好的插穗先在清水中清洗 5 min，将约 30 支插穗捆为一小捆，然后将捆绑成团的插穗浸泡在 300 mg/L 的萘乙酸溶液中处理 8h 以上，萘乙酸溶液的酸碱度

苦丁茶冬青扦插繁育种苗

需事先调节至 pH 6.5 左右，处理完后用清水冲洗插穗根部；

③ 扦插生根。将插穗插到在以河沙为基质的苗床上，扦插前使用多菌灵溶液喷淋苗床，插穗深度以插穗总长的 1/5 至 1/4，较短小插穗的插穗深度宜深不宜浅，插穗的密度以插穗叶面不重叠为度，扦插完后立即将苗床浇透水一次。在苗床上搭高 50cm 的塑料薄膜拱棚并在顶部设置双层遮阴网盖顶，定期浇水保持苗床湿度在 80% 以上，并视情通风降温控制拱棚内温度在 28 ～ 30℃。

④ 装袋移栽。插穗育苗 50 d 后喷施少量叶面肥，60 d 后待腋芽萌生且根长至 5 cm 以上时可以移栽到营养薄膜袋中，营养土为总体积 30% 黄泥、30% 河沙、30% 椰糠和 10% 牛粪并添加总重量的 3% 复合肥后混匀堆放熟化 6 个月以上。

⑤ 种苗出圃。将装袋的插穗苗继续放在塑料薄膜拱棚内生长约 1 ～ 2 周，定期浇水保持拱棚内湿度在 80% 以上，并视情通风降温控制拱棚内温度在 28 ～ 30℃，待插穗种苗长高至 20 ～ 25 cm 时，获得苦丁茶冬青种苗。

2. 苦丁茶冬青栽培管理技术

主要技术要点如下。

①土地选择与准备。种植园宜选择在中低山丘或山腰和山麓，海拔在 600 m 以下、背风的谷地或坡地，坡度在 25° 以下。种植园要求土层深厚、疏松、肥沃、湿润、富含腐殖质及排灌良好的微酸性沙质土壤，宜靠近水源便于安装喷淋设施。

②园地开垦。定植前 3 ～ 4 个月对园地进行开垦翻晒，深度约 50 cm，将树根、杂草、石头等杂物清除干净并用熟石灰进行土壤消毒处理。按照株行距 1 m × 1.5 m、穴长宽深各 50 cm，下层放表土 10 cm，中层施土杂肥 3 ～ 4 m^3/ 亩，上层复土高出穴面约 10 cm。

③ 种苗定植。每年春秋季节适宜定植，选用生长健壮、无病虫为害、苗高 20 cm 以上营养袋苗，揭去营养袋后，将苗置于坑中央，使根系舒展并培土压实，随后浇足定根水。遇晴天干旱应间隔 2 ～ 3d 淋水 1 次，幼苗可用遮阴物临时遮阴 10 ～ 20d，同时注意补苗。

④ 施肥管理。定植成活后宜施稀薄的氮、磷、钾复合肥，每月 2 次，每次每亩施氮、磷、钾肥各 3 ～ 5 kg。2 年以上的成龄树，要多施氮肥，氮、磷、钾比例为 3：1：1，每月 1 次，每次每亩施氮肥 15 ～ 30 kg，磷肥、钾肥 5 ～ 10 kg。在采茶淡季宜重施有机肥，每亩施充分发酵的有机肥 4 ～ 5 m^3。适当喷施镁、锌、锰、铁等微量元素。在干旱季节，要隔 2 ～ 3d 淋水 1 次，保持田间湿润，在气温达 32℃以上时，需早晚适当淋水，防治嫩叶和芽灼伤。

⑤ 修枝整形管理。将主干顶端剪除，宜保留主干高度 40 ～ 50 cm。二级分枝或内膛枝在 20 cm 左右时及时摘心，每个分枝抽出 3 ～ 5 个分枝再次摘心。外围枝条压弯后应扩开树冠，在第 1 年内经过 2 ～ 3 次整枝可达到强制矮化的目的。定植 2 年后，以采代剪，采摘以养为主、整形为辅，一般采用长梢多采，矮梢少采，高梢多采，低梢少采，粗壮芽强采的方法，尽量将茶树控制在 1.5 m 左右。3 年生的植株，应根据高度情况在年底进行中度修剪或在 7 月、8 月进行重度修剪。

⑥ 病虫害防治管理。“密芽苦丁茶冬青”病害较少且不甚严重，虫害主要受到茶角盲蝽叮咬茶芽，修剪病叶，剪除虫卵，成虫、若虫发生盛期用农药喷杀。

第十章

斑兰叶品种与技术

一、中国斑兰叶新品种

粽香斑兰

品种来源：粽香斑兰（*Pandanus amaryllifolius 'Zongxiang'*）是中国热带农业科学院香料饮料研究所从印度尼西亚引进的香露兜群体中优选出的斑兰叶新品种。"粽香"风味浓郁、香气柔和、耐荫蔽、高产单株，经无性系繁育和多年多点试验选育而成。

品种特征：热带多年生常绿草本香料植物。园林绿化或栽培矮化高度 20 ～ 80 cm。地上茎分枝，有气根；茎粗 1 ～ 5 cm；叶片剑形，无刺，绿色，长 25 ～ 75 cm，宽 2 ～ 5 cm，单叶重 5 ～ 10 g；花果极为少见。

生长特性：定植 8 个月后采摘（少量），一次种植多年受益，可连续采割 10 年以上，

斑兰叶植株

无重大病虫害为害。

适宜栽培条件：种植管理粗放，属于“懒人作物”；耐荫蔽，适宜在槟榔等经济林下复合种植，提高土地资源利用率，增加单位面积产出；耐涝性强，适宜种植在溪边、鱼塘、低洼地等周边，减轻旱涝灾害，减少水土流失；株型优美，观赏价值高，具有美化环境、芳香居室、驱逐蟑螂等作用；很少有病虫为害发生。

产量与品质表现：第 2 年正式投产，每株年产鲜叶约 60 片，单叶重约 10 g，亩产鲜叶 3 000 kg 以上。该品种散发着一种特色香气——粽香，风味浓郁、香气柔和，具有增进食欲、宁心爽神之效。经气相色谱法 - 质谱联用技术（GC-MS）鉴定表明，香气由烯烃类、酯类、醇类等物质组成，富含 2- 乙酰 -1- 吡咯啉（2AP）、反式 -2- 辛烯 -1- 醇、叶绿醇、花生酸、异戊醛、3- 戊烯 -2- 酮等香气成分组成。其中，2AP 相对含量高达 22.82 mg/kg ± 2.11 mg/kg，其次为叶绿醇 18.24 mg/kg ± 1.46 mg/kg 和反式 -2- 辛烯 -1- 醇 16.04 mg/kg ± 1.27 mg/kg。该品种具有增强细胞活力、加快新陈代谢、提高人体免疫力的作用，是制作千层糕、蛋糕、饼干、粽子、清补凉、冰激凌、糖果等食品的主要原材料。

槟榔间种斑兰叶种植模式

二、中国斑兰叶新技术

1. 斑兰叶种苗繁育技术

主要技术要点如下。

① 种苗选择。种苗繁育宜 3—4 月或 9—11 月，选择 1 ～ 2 年生、茎粗 1 ～ 3 cm 根蘖苗，剪成长 10 ～ 15 cm 插条，顶部保留 2 ～ 3 片叶。

② 繁育方法。以沙石和蛭石为基质，插条株距 3 cm、行距 5 cm、深度 5 ～ 10 cm。

③ 苗圃管理。适宜温度为 25 ～ 30 ℃，土壤含水量为 50% ～ 60%，空气湿度为 80% ～ 90%，荫蔽度为 60% ～ 80%。

2. 斑兰叶林下复合栽培技术

主要技术要点如下。

① 复合种植方法。斑兰叶为耐阴植物，可在槟榔、椰子等经济林下进行复合栽培，能显著提高土地环境资源利用率，减轻旱涝灾害，减少水土流失。规模化生产多采用粽香斑兰带状复合种植技术，种植带宽度根据经济林作物行距进行调整，株距 10 ～ 20 cm，每公顷年产约 50 t 鲜叶。

② 定植前准备。严禁使用百草枯、草甘膦等除草剂，可用打草机清除槟榔园杂草，主要是防止除草剂伤害槟榔气生根，导致槟榔长势衰弱，甚至死亡；每亩槟榔园施用有机肥基肥 200 kg，供槟榔和粽香斑兰长期保持较高的土壤肥力。

③ 种苗定植。3—4 月或 9—11 月，粽香斑兰为耐阴植物，定植期需一定遮阴、较高的空气湿度和充足的水分。荫蔽度 40% ～ 60%、空气湿度约 70%，株行距 20 cm × 20 cm。

④ 栽培管理。晴天天气条件下，每隔 1 天浇水 1 次定根水，浇水最好时间在 17:00 以后；定植 2 周后，苗成活可抽新叶，浇水频次降低；定植 8 个月后，即可收割与利用，每株全年约产 60 片鲜叶，亩产鲜叶约 3 000 kg。同时，粽香斑兰封行后可抑制杂草生长，削减购买除草剂费用，减少除草劳动力成本，并保证槟榔园土壤湿度，促进槟榔气生根健壮成长，槟榔长势良好，且粽香斑兰耐踩踏，不影响槟榔采收；收割 1 年后，施用有机肥，每亩施肥 50 kg 追肥，促进槟榔的营养生长。

槟榔间种斑兰叶种植模式

香蕉间种斑兰叶种植模式

橡胶间种斑兰叶种植模式

椰子间种斑兰叶种植模式